无线电管理技术与实践

主　编 ◎ 唐雨淋

副主编 ◎ 姜　莉

主　审 ◎ 程远东

西南交通大学出版社

·成　都·

图书在版编目（CIP）数据

无线电管理技术与实践 / 唐雨淋主编. -- 成都：
西南交通大学出版社，2024. 10. ISBN 978-7-5774
-0092-1

Ⅰ. TN92

中国国家版本馆 CIP 数据核字第 2024128LH3 号

Wuxiandian Guanli Jishu yu Shijian

无线电管理技术与实践

	策划编辑／李　伟
主　编／唐雨淋	责任编辑／李　伟
	封面设计／GT 工作室

西南交通大学出版社出版发行

（四川省成都市金牛区二环路北一段 111 号西南交通大学创新大厦 21 楼　610031）

营销部电话：028-87600564　　028-87600533

网址：http://www.xnjdcbs.com

印刷：四川森林印务有限责任公司

成品尺寸　185 mm×260 mm

印张　12.75　　字数　319 千

版次　2024 年 10 月第 1 版　　印次　2024 年 10 月第 1 次

书号　ISBN 978-7-5774-0092-1

定价　39.00 元

前　言

　　无线电频谱资源是归国家所有，具有重要战略意义的稀缺资源，是推动信息化发展的重要载体。无线电波按固有的物理特性进行传播，不受业务、行业、部门或行政地理区域的限制。但无线电频谱资源如果使用不当，将会造成空中电波秩序混乱、相互干扰，影响人们正常工作，乃至危及生命财产安全，同时也是对这一宝贵资源的极大浪费。无线电频谱的以上属性，决定了对其进行集中统一管理的必要性和重要性。世界范围内，任何国家都不允许随意滥用无线电频率，否则可能对其他国家的无线电管理造成干扰或受其他国家无线电的干扰。因此，各国必须在遵守协商一致的国际无线电频率划分表和国际电信联盟《无线电规则》的前提下，结合本国的实际情况管理本国的无线电业务。

　　无线电管理的核心是对无线电频谱实施国家集中统一管理，使其得以合理、有效地开发和利用。为了加强无线电管理和提升无线电工作人员的管理与技术水平，维护空中电波秩序，保证无线电业务正常进行，服务经济社会高质量发展，四川省无线电监测站组织了无线电通信领域学者和无线电管理专家编写了本书。

　　本书分为六部分：无线电管理概述篇、频谱管理篇、台站管理篇、秩序管理篇、重大活动保障篇、无线电新业务与挑战篇。本书编写遵循"理论够用、注重实际、重在应用"的原则，从工程视角删繁就简、突出重点，强调基础知识、基本理论和典型案例分析；在内容选取上，力求简明扼要、凸显重点、层次分明。其中，每章开头设有学习目标，每章结尾附有本章小结和思考与练习。本书既可作为无线电工作人员的培训用书，也可作为无线电管理工作和无线电技术工作相关人员的工具书，还可作为高等院校通信类相关专业教材或参考书籍。

　　本书由四川省无线电监测站唐雨淋高级工程师担任主编，四川信息职业技术学院姜莉副教授担任副主编，四川省无线电监测站程远东教授担任主审；四川省无线电监测站何丽莎、陈义军、刘德龙、席巾荣、朱明威、林江旭、陈沫言以及四川信息职业技术学院周滟、方霞、李长江、高雪苹、杨明栋参与了部分编写工作。在本书编写过程中，编者得到了四川省无线电办公室领导的关心和指导，在此对所有参与编审、写作及给予指导的同仁表示深深的感谢。

　　由于编者水平所限，书中难免存在疏漏和不足之处，恳请读者批评指正。

编　者

2024 年 5 月

目　录

无线电管理概述篇

频谱管理篇

台站管理篇

无线电新业务与挑战篇

无线电管理概述篇

第 1 章　无线电管理概述

1. 了解无线电管理的定义和意义；
2. 理解无线电管理的主要内容；
3. 了解无线电管理的机构与职责。

1.1　无线电管理基础知识

无线电管理是指合理、有效地开发和利用无线电频谱资源，审批各类无线电台的设置，协调和处理各类无线电干扰，监督检查各类无线电台的使用情况，维护空中电波秩序，保证各种无线电业务正常进行的管理工作和管理体系。

无线电管理是国家对无线电频谱资源和台站设备进行科学化管理的一项政府职能，国家依靠各级无线电管理机构，运用行政、法律、经济和技术多种手段依法对无线电资源进行行政管理。

1.1.1　无线电管理的发展历程

国际上，无线电管理的规则起源于电信领域。1865 年，在巴黎成立国际电报联盟。1906 年，德、英、法、美、日等 27 个国家代表在柏林召开了第一次国际无线电报大会，并签署了《国际无线电报公约》，划分了水上业务公众通信的频率和非开放公众通信的陆军、海军电台使用的频段。1927 年，在华盛顿召开的国际电报联盟大会上成立了国际无线电咨询委员会（CCIR）。1932 年，在马德里召开的第五届全权代表大会决定将《国际电报公约》和《国际无线电报公约》合并为《国际电信公约》，并将国际电报联盟改组为"国际电信联盟"。《国际电信公约》附有《无线电规则》和《附加无线电规则》。1947 年，在美国大西洋城召开的第六届全权代表大会决定建立国际频率登记委员会（IFRB）。

国际电信联盟（ITU）于 1989 年在法国尼斯召开的第十三届全权代表大会上通过的《国

际电信联盟组织法》规定：① 国际电信联盟应实施无线电频谱各频段的划分，无线电频率的分配，以及无线电频率的指配和地球静止卫星轨道的相关轨道位置的登记，以防止各国无线电台之间的有害干扰；② 国际电信联盟协调无线电通信业务，消除各国无线电台之间的有害干扰，改进无线电频谱及地球静止卫星轨道的利用。另外，第Ⅲ章"关于无线电台的特别条款"中规定："在使用无线电业务的频段时，各成员国应牢记，无线电频率和地球静止卫星轨道是有限的自然资源，必须依照无线电规则的规定，合理、有效地节省使用，以使各国或国家集团在考虑发展以及个别国家的地理位置的特殊需要时，可以公平地使用无线电频谱和地球静止卫星轨道"，同时还规定"所有电台，不论其用途如何，在建立和使用时均不得对其他成员，或对经认可的私营电信机构，或对其他经正式核准开办无线电业务，并按无线电规则操作的电信机构的无线电业务或通信造成有害干扰。"

1.1.2　国际无线电管理机构和组织

下面介绍几个重要的国际无线电管理机构和组织：

1. 国际电信联盟（ITU）

国际电信联盟（ITU）是联合国下属的专门机构，也是联合国机构中历史最长的一个国际组织，简称"国际电联""电联"或"ITU"。国际电信联盟是主管信息通信技术事务的联合国机构，负责分配和管理全球无线电频率与卫星轨道资源，制定全球电信标准，向发展中国家提供电信援助，促进全球电信发展。

ITU 的组织结构主要分为无线电通信部门（ITU-R）、电信标准化部门（ITU-T）和电信发展部门（ITU-D），如图 1-1 所示。ITU 每年召开 1 次理事会，每 4 年召开 1 次全权代表大会、世界电信标准大会和世界电信发展大会，每 2 年召开 1 次世界无线电通信大会。

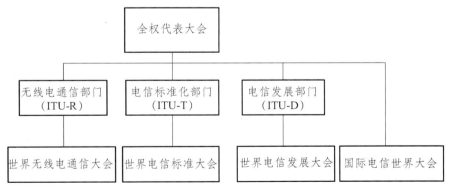

图 1-1　ITU 的组织结构简图

作为世界范围内联系各国政府和私营部门的纽带，国际电信联盟通过其麾下的无线电通信部门、电信标准化部门和电信发展部门开展活动；同时，国际电信联盟是信息社会世界高峰会议的主办机构，负责协调和规划全球无线电频率资源的分配和使用。

国际电信联盟的职责包括：

（1）规划和管理全球无线电频率和卫星轨道资源，以确保各种无线电通信系统的互操作性和协调性。

（2）制定国际电信规定（International Telecommunication Regulations，ITRs），为国际无线电通信提供统一和协调的法律及技术规范。

（3）组织全球无线电通信的国际会议，讨论和制定无线电频率的分配和使用规划，以及协商并签署国际无线电频率划分表。

（4）促进技术研究和发展，推动无线电通信技术的创新和应用。

国际电信联盟在全球范围内对无线电频率资源的规划和管理发挥着重要作用，旨在促进无线电通信的可持续发展和国际合作。各个国家的无线电通信系统和设备的设计及运行都需要遵守国际电信联盟的规定和建议，以确保频率资源的合理利用和互操作性。

2. 国际无线电通信咨询委员会（CCIR）

国际无线电通信咨询委员会（CCIR）是国际电信联盟（ITU）下属的 3 个咨询委员会之一，是政府间的条约组织，于 1932 年在马德里成立。其职责是研究无线电通信的技术和业务，并就这类问题向 ITU 行政会议提供建议书，以作为这些会议制定和修改无线电规则的依据。每 4 年为一个研究期，期内召开一次全体会议和两次研究组会议。CCIR 下设 13 个研究组，其中 11 个是专业研究组，2 个是联合研究组。第 7 研究组的专业是标准频率和时间信号，其职责是协调全世界范围内的标准频率和时间信号发播业务，研究包括人造卫星技术在内的发播和接收技术以及改进测量准确度的方法。

3. 国际频率登记委员会（IFRB）

国际频率登记委员会（IFRB）成立于 1947 年，会址设在日内瓦。其宗旨是帮助所有成员合理地使用无线电通信频道，使有害的干扰减至最小，并向各成员提出技术建议，使其能在特别拥挤的频段中应用尽可能多的无线电。它由国际电信联盟全权代表大会选举 5 名具有独立性的委员组成。这些委员是世界各地区公平分配名额后通过选举产生的，共分 5 个地区：地区 A——美洲；地区 B——西欧；地区 C——东欧和北亚；地区 D——美洲；地区 E——亚洲及澳大利亚。国际频率登记委员会的定期出版物有向国际电信联盟成员国提供的国际频率表，表中包括 50 个不同的频率指配情况；此外，还发布分布于全世界的监测台所观测的综合资料。

4. 国际无线电科学联盟（IURS）

国际无线电科学联盟（International Union of Radio Science，IURS），是国际无线电科学领域的非政府性学术组织，成立于 1913 年，常设机构在比利时的布鲁塞尔，是国际科学联合会理事会（the International Council of Science Unions，ICSU）的成员之一。其宗旨是在无线电科学领域促进国际合作，协调国际研究，讨论和传播研究成果，促进观测方法和仪器的统一与标准化，鼓励研究无线电报技术科学，特别是需要国际合作的问题；同时建立无线电全频谱各种精确值，包括计量方法、计量设备、电信和电磁波等。

5. 亚太地区高级培训中心（COE）

COE（ITU Centres of Excellence Network for Asia and the Pacific），即亚太地区高级培训中心，是国际电信联盟的一项重要的教育和传播信息的途径，主要对成员国专业技术人员进行电信和 ICT（信息与通信技术）培训，旨在促进全球范围内的经验分享，共享资源。目前，亚太地区共有 8 个分支机构，除中国外，还包括巴基斯坦、伊朗、马来西亚、韩国、泰国、越南等，每个分支机构侧重不同的研究方向，共同为亚太地区的信息和技术的共享做出努力。每年，COE 会举办在线和面授课程数十期，培训学员千余人次。

6. 亚太电信组织（APT）

亚洲-太平洋电信组织（Asia-Pacific Telecommunity，APT），简称亚太电信组织，是亚太地区政府间的电信组织，成立于 1979 年 5 月，现有会员国 38 个，总部设在泰国曼谷。其宗旨是促进亚太地区信息通信基础设施、电信业务和技术的发展与合作。

亚太电信组织由大会、管委会和秘书处组成。其中，大会是该组织的最高权力机构，每三年召开一次大会会议，其主要职责是确定本组织的发展政策、战略规划和修订该组织的章程等。管委会是该组织的执行机构，每年召开一次会议。秘书处主要负责该组织总体事务的管理和协调。我国是 APT 的创始国之一，1976 年 10 月 25 日我国正式成为亚太电信组织的会员国。自加入 APT 以来，我国一直积极参与该组织的各项活动。从 1990 年开始，我国在北京邮电大学、南京邮电大学、西安邮电大学、武汉邮电科学研究院和中国信息通信研究院华东分院 5 个培训中心，为来自 APT 20 多个会员国的专业技术和管理人员，举办了数十期培训班。

1.2 我国无线电管理的主要内容

无线电技术和应用已渗透到社会生活的方方面面，国民经济各行业以及社会生活各领域对无线电技术和业务的依赖，突显出无线电管理工作的重要性。在当前新的形势下，无线电管理工作不仅事关无线电事业和国民经济的持续健康发展，也事关国家安全、国防安全和社会稳定，因此无线电管理被赋予了重要的使命。

无线电管理的主要内容可概括为"三管理、三服务、一突出"。

"三管理"是指管资源、管台站、管秩序。其中，管资源是指管理无线电频谱资源，《中华人民共和国民法典》第二百五十二条明确规定"无线电频谱资源属于国家所有"。管台站是指对承载无线电业务的台（站）进行管理。管秩序是指对无线电发射设备的研制、生产、销售以及无线电台（站）运行的综合管理。

"三服务"是指服务经济社会发展、服务国防建设、服务党政机关。

"一突出"是指突出做好重点无线电安全保障工作。

我国无线电管理的具体工作主要包括以下几个方面：

（1）制定无线电管理方面的方针、政策、法规、技术标准和发展规划。

（2）对无线电频率进行集中统一管理，对无线电频率进行统一划分、分配和指配。

（3）审批各类无线电台的设置，核发无线电台执照。

（4）对研制、生产、销售、购置和进口无线电设备的工作频段、频率以及有关无线电管理的技术指标，如发射功率、发射带宽、频率偏差和杂散发射的容限等进行管理，并对工业、科学、医疗的非无线电通信设备的电磁辐射进行管理。

（5）负责无线电波的监测和无线电设备的检测工作。建立全国无线电监测网，监测各类无线电台是否按规定的程序和核定的项目工作，查找无线电干扰源和未经批准设置使用的无线电台，检测无线电设备是否符合有关无线电管理的技术指标。

（6）统一协调、处理各类无线电干扰。

本书主要从无线电频谱管理、台站管理、秩序管理、无线电管理新技术四个方面，介绍无线电管理相关的工作内容及其相关技术，并通过重大活动保障与考试保障工作展示无线电管理工作的开展情况。

1.3 无线电管理的意义

无线电频谱资源是一个国家重要的战略性资源，由于科技发展的局限，目前人类对 3 000 GHz 以上频段的无线电波还不能开发利用，相对一定的时间、地点、空间，无线电频谱资源是有限的，任何用户在一定的时间、地点、空间条件下对某一频段的占用，都排斥了其他用户在该时间、地点、空间内对这一频段的使用。随着人类对无线电频谱资源的需求急剧增加，各种无线电技术与应用的竞争愈加激烈，这使得无线电频谱资源的稀缺程度不断加大。

无线电管理可合理、有效地开发和利用有限的无线电频率资源，将纷繁无序的无线电变得井然有序，将有限的资源尽可能发挥出无限的价值，将无形且复杂的无线电变成有形且有法可控的安全之域。无线电管理是促进经济社会发展的重要把手，是维护社会安全稳定的重要保障，更是保卫国防安全的重要手段。加强无线电管理，可有效维护空中电波秩序，提高无线电频率资源的利用率，同时保证各种无线电业务正常运行。

本章小结

本章主要对无线电管理的定义和含义、我国无线电管理的主要内容、无线电管理的意义进行了介绍，并为后面相关的频率管理篇、台站管理篇、秩序管理篇、重大活动保障篇等做了知识铺垫，主要知识点如下：

（1）无线电管理的定义：合理、有效地开发和利用无线电频谱资源，审批各类无线电台的设置，协调和处理各类无线电干扰，监督检查各类无线电台的使用情况，维护空中电波秩序，保证各种无线电业务正常进行的管理工作和管理体系。

（2）无线电管理的意义：无线电管理工作不仅事关无线电事业和国民经济的持续健康发展，而且事关国家安全、国防安全和社会稳定。

（3）无线电管理的主要内容可以概括为"三管理、三服务、一突出"。"三管理"分别是管资源、管台站、管秩序，无线电管理必须紧紧围绕"管好频率、管好台站、管好秩序"这一中心任务，其中频率管理是核心，台站管理是基础，秩序维护是保证。"三服务"是指服务经济社会发展、服务国防建设、服务党政机关。"一突出"是突出做好重点无线电安全保障工作。

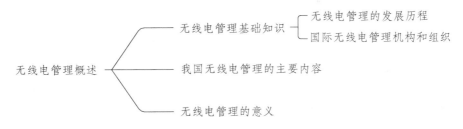

思考与练习

1. 什么是无线电管理？
2. 四川省无线电管理的主要内容是什么？
3. "三管理"之间的关系是什么？

频谱管理篇

第2章 无线电频谱管理概述

1. 了解频谱的特性和频谱管理的重要性；
2. 理解频谱管理的原则和方法；
3. 能够应用频谱管理的知识，合理利用频谱资源。

2.1 无线电频谱管理的含义

2.1.1 无线电频谱的定义及分类

了解无线电频谱的概念之前，应该首先了解频率的概念。频率（Frequency）是指物质在单位时间内完成周期性变化的次数，它表述的是周期性运动的频繁程度。为了纪念德国物理学家赫兹做出的贡献，国际上把频率的单位命名为赫兹，简称"赫"，符号为 Hz，$1\ \text{Hz} = 1\ \text{s}^{-1}$。

当"频率"这一概念被用于无线电学时，指的是无线电波的周期振荡频率，简称无线电频率（Radio Frequency）。无线电波也称为"赫兹波"。国家标准 GB/T 14733.9—2008《电信术语 无线电波传播》对电磁波和无线电波的描述详见图 2-1。可见，无线电波是指频率在 3 000 GHz 以下，不用人造波导而在空间中传播的电磁波，这种电磁波频率的集合叫作无线电频谱（Radio Spectrum）。

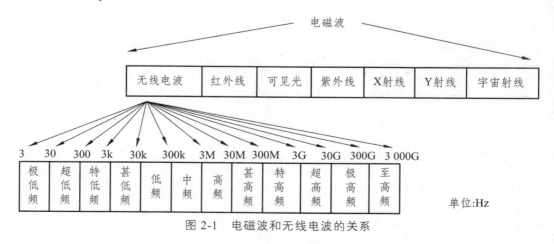

图 2-1 电磁波和无线电波的关系

作为传输载体的无线电波，具有一定的频率和波长，即位于无线电频谱中的一定位置，并占据一定的宽度。无线电频谱中，具有一个具体值的电波频率，称为频率点或频点。频谱中在上限频率和下限频率之间的一段频谱称为频带或频段。上下限频率之差的绝对值叫作频带宽度，简称带宽。

《中华人民共和国无线电频率划分规定》把 3 000 GHz 以下的无线电频谱分为 14 个频带，如表 2-1 所示。

表 2-1　无线电频谱分类及代表性业务

带号	频带名称	频率范围	波段名称	波长范围	传播特性	代表性业务
−1	至低频（TLF）	0.03 ~ 0.3 Hz	至长波或千兆米波	10 000 ~ 1 000 Mm（兆米）	电波沿地球表面长距离传播；全年衰减小，可靠性高；可利用电离层与地表形成的波导层进行远距离传播；地波与天波并存；使用垂直天线	世界范围内长距离的点对点通信；无线电导航和潜艇通信感应式防盗报警系统
0	至低频（TLF）	0.3 ~ 3 Hz	至长波或百兆米波	1 000 ~ 100 Mm		
1	极低频（ELF）	3 ~ 30 Hz	极长波	100 ~ 10 Mm		
2	超低频（SLF）	30 ~ 300 Hz	超长波	10 ~ 1 Mm		
3	特低频（ULF）	300 ~ 3 000 Hz	特长波	1 000 ~ 100 km（千米）		
4	甚低频（VLF）	3 ~ 30 kHz	甚长波	100 ~ 10 km		长距离的点对点通信；无线电导航和潜艇通信感应式防盗报警系统
5	低频（LF）	30 ~ 300 kHz	长波	10 ~ 1 km		
6	中频（MF）	300 ~ 3 000 kHz	中波	1 000 ~ 10 m	电波日间沿地表较短距离传播；电波夜间靠电离层 E 层长距离传播；日间及夏季衰减较夜间及冬季大；地波与天波并存；使用垂直天线	中距离的点对点通信；中波广播；航空无线电导航业务；水上移动业务；无线电定位和固定业务；业余业务
7	高频（HF）	3 ~ 30 MHz	短波	100 ~ 10 m	传播情况随季节及每日时间变化大；利用天线的指向性，小功率也能传播较长距离；通信距离与频率和发射角有关；太阳黑子越多，电离层密度越大，位置越高，则最高可用频率（MUF）也越高，通信距离越长，反之相反；地波传播距离较短；使用水平天线	长和短距离的点对点通信；短波广播（国际广播）；移动业务；航空移动业务

带号	频带名称	频率范围	波段名称	波长范围	传播特性	代表性业务
8	甚高频（VHF）	30～300 MHz	米波	10～1 m	穿越电离层，不受其影响；以空间波做视距（LOS）通信；20～65 MHz 也可利用 E 层进行超视距通信；使用垂直天线和水平天线（较多）	中和短距离的点对点通信；声音和电视广播；移动业务；无线电定位业务航空移动和导航业务；个人通信
9	特高频（UHF）	300～3 000 MHz	分米波	10～1 dm（分米）	视距通信；以空间波接近直线传播	短距离的点对点通信；无线接力机声音和电视广播；移动业务，LAN；气象业务，航空移动和导航业务；蜂窝公众通信和卫星通信
10	超高频（SHF）	3～30 GHz	厘米波	10～1 cm（厘米）	视距通信；方向性极高，发射功率小；频率越高，受雨、雾、雪、雹及空气中的气体吸收衰减越大；遇阻挡衰减大	短距离的点对点通信；微波接力通信；移动业务，LAN；无线电定位、航空和水上导航卫星通信
11	极高频（EHF）	30～300 GHz	毫米波	10～1 mm（毫米）	视距通信，通信距离较短；方向性极高，发射功率小；频率越高，受雨、雾、雪、雹及空气中的气体吸收衰减越大；遇阻挡衰减大	短距离的点对点通信；微波接力通信；无线电定位微蜂窝，LAN卫星通信，卫星地球探测，射电天文
12	至高频（THF）	300～3 000 GHz	丝米波或亚毫米波	10～1 dmm（丝米）		

《中华人民共和国无线电频率划分规定》对频率单位表达方式的规定：

（1）3 000 kHz 以下（包括 3 000 kHz），以 kHz（千赫兹）表示；

（2）3 MHz 至 3 000 MHz（包括 3 000 MHz），以 MHz（兆赫兹）表示；

（3）3 GHz 至 3 000 GHz（包括 3 000 GHz），以 GHz（吉赫兹）表示。

2.1.2　无线电频谱管理的定义

无线电频谱管理是指国家通过专门机关，运用法律、行政、技术和经济等手段，采用最合理、最公平、最有效和最经济的方式，使用、利用或保护有限的电磁频谱和卫星轨道资源，其目的是避免和消除各种通信网和无线电站台在使用中的相互干扰，维护空中电波的秩序，服务国家的经济建设、国防建设，保障国家安全和人民的生命财产安全，推动社会与经济的发展和科学技术的进步。

2.1.3　无线电频谱管理的主要内容

无线电频谱管理的主要内容包括：无线电频率管理、用频台站管理、卫星频率/轨道管理、用频装备频率管理和非用频装备的电波辐射管理等。

1．无线电频率管理

无线电频率管理是指对无线电频谱资源的使用进行规划和控制的活动，是电磁频谱管理的核心，包括无线电频率的划分、分配、规划和指配。

2．用频台站管理

用频台站管理是指对用频台站的设置、使用实施的管理，是无线电管理机构的一项日常性工作，包括用频台站设置管理和使用管理。

3．卫星频率/轨道管理

卫星频率/轨道管理是指对卫星轨道及卫星网络空间电台频率的规划与控制活动，是无线电频谱管理的组成部分。卫星频率/轨道资源由国际电信联盟统一管理，主要采取规划方法和登记方法进行管理。

4．用频装备频率管理

用频装备频率管理是指对研制、生产、进口、销售的用频装备的频率和电磁兼容技术指标的管理，其目的是从源头保证各类用频装备的频率使用科学、有序，防止不同无线电系统相互干扰，为各种无线电业务的正常开展奠定基础。

5．非用频装备的电波辐射管理

非用频装备的电波辐射管理是指对辐射无线电波的非用频装备的选址定点、有害干扰实施的管理，测定对正常无线电业务产生有害干扰的非无线电设备的辐射频率范围、功率等指标，审查、协调可能影响正常无线电业务的非无线电工程设施的选址定点，查找并按规定处理非用频装备对正常无线电业务造成的有害干扰。

因无线电频率管理是无线电频谱管理的核心内容，本篇章主要介绍无线电频率管理。

2.2　无线电频谱管理的目的

无线电频谱作为自然界天然存在的一种自然资源，它的本质是一种物质，具有以下 6 种特性：

第一，有限性。由于较高频率上的无线电波的传播特性，无线电业务不能无限地使用更高频段的无线电频率。目前，人类对 3 000 GHz 以上的频率还无法开发和利用，尽管无线电频率可以根据时间、空间、频率和编码四种方式进行复用，但就某一频段和频率来讲，在一定的区域、时间和条件下，其使用是有限的。

第二，排他性。无线电频谱资源与其他资源具有共同的属性，即排他性。在一定的时间、地区和频域内，一旦某个频率被使用，其他设备则不能以相同的技术模式再使用该频率。

第三，复用性。虽然无线电频率使用具有排他性，但在特定的时间、地区、频域和编码条件下，无线电频率是可以重复使用和利用的，即不同无线电业务和设备可以进行频率复用和共用。

第四，非耗竭性。无线电频谱资源不同于矿产、森林等资源，它可以被人类利用，但不会被消耗掉，不使用它是一种浪费，使用不当更是一种浪费，甚至由于使用不当产生干扰而造成危害。

第五，传播特性。无线电波按照一定规律传播，不受行政地域的限制，是无国界的。

第六，易污染性。如果无线电频率使用不当，就会受到其他无线电台、自然噪声和人为噪声的干扰而无法正常工作，或者干扰其他无线电台站，使之无法准确、有效和迅速地传送信息。

正是这些特性，使无线电频谱资源有别于土地、矿藏、森林等自然资源，需要对它科学规划、合理利用、有效管理，才能使之发挥巨大的资源价值，成为服务经济社会发展和国防建设的重要资源。

当前，各国尤其是发达国家对无线电频谱资源重要性的认识不断提高，国际频谱资源竞争日趋激烈。无线电频谱资源是支撑现代信息通信产业发展的基础资源，移动电话、集群通信、卫星通信、宽带无线接入等无线通信业务的存在和发展都有赖于频谱资源；无线电频谱资源是推动各行业信息化的重要资源，各种无线电技术的应用成为相关行业顺畅运行和效率提升的重要因素；无线电频谱资源在重大安全保障领域发挥着不可替代的作用，在诸如奥运会、世博会、地震等重大社会活动和自然灾害面前，无线电信息通信保障意义重大；无线电频谱资源是打赢信息化战争的重要保障，现代战争中制电磁权已经被提升至和制海权、制空权同等的地位。无线电频谱的自然属性和经济社会属性决定其资源归国家所有，无线电频谱资源的拥有、配置和管理带有国家主权特征。

无线电频谱管理对保障无线电通信系统的正常运行和安全通信至关重要。合理规划无线电频谱，并确保频谱划分、分配、规划、指配得到有效落实，可以有效避免频段冲突和干扰，提高频谱资源的利用效率，保证各类无线通信系统之间协作运行，确保通信质量和数据传输可靠、安全。

本章小结

（1）无线电频谱管理是指国家通过专门机关，运用法律、行政、技术和经济等手段，采用最合理、最公平、最有效和最经济的方式，使用、利用或保护有限的电磁频谱和卫星轨道资源。

（2）频谱资源的六大特性：有限性、排他性、复用性、非耗竭性、传播特性、易污染性。

（3）无线电频谱是指电磁频谱中 3 000 GHz 以下的频率集合。

（4）无线电频谱管理的目的是避免和消除无线电频率使用中的相互干扰，维护空中电波秩序，使有限的频谱资源得到合理、高效地利用，实现频谱资源效益最大化。

思考与练习

1. 填空题

（1）无线电频率以（　　　）为单位。

（2）无线电频谱是指频率在（　　　）以下的频率集合。

（3）《中华人民共和国无线电频率划分规定》把 3 000 GHz 以下的无线电频谱分为（　　　）个频带。

（4）频率范围在 300～3 000 GHz 的波段称为（　　　）。

2. 选择题

（1）无线电频谱是一种属于（　　　）所有的有限资源，被广泛应用于通信及其他领域。

    A. 地区　　　　　B. 国家　　　　　C. 无线电监测站　　　D. 部门

（2）3 MHz 至 3 000 MHz（包括 3 000 MHz）的频率单位，以（　　　）表示。

    A. MHz（兆赫兹）　　　　　　　　B. kHz（千赫兹）

    C. GHz（吉赫兹）　　　　　　　　D. Hz（赫兹）

（3）频率范围在 30～300 kHz 的波段称为（　　　）。

    A. 长波　　　　　B. 中波　　　　　C. 短波　　　　　　D. 米波

（4）《无线电频率使用许可管理办法》，自（　　　）年 9 月 1 日起施行。

    A. 2016　　　　　B. 2017　　　　　C. 2018　　　　　　D. 2019

3. 判断题

（1）无线电频谱管理是指国家通过专门机关，运用法律、行政、技术和经济等手段，采用最合理、最公平、最有效和最经济的方式，使用、利用或保护有限的电磁频谱和卫星轨道资源。（　　　）

（2）省、自治区、直辖市无线电管理机构实施国家无线电管理机构确定范围内的无线电频率许可。（　　　）

（3）无线电频谱资源与其他资源具有共同的属性。（　　　）

4. 简答题

（1）简要概述无线电频率管理的主要内容。

（2）简述频谱资源的特性。

第 3 章 频率管理

1. 了解我国 43 种无线电业务种类;
2. 掌握国际和我国的频率划分情况;
3. 掌握频率管理的主要内容,掌握频率划分、分配和指配的含义及内容;
4. 熟悉我国频谱管理工作的基本法律依据。

无线电频率管理是频谱管理的核心和主要内容。频率管理,是指对无线电频率的划分、分配、规划和指配。无线电频率的划分、分配及其调整应当充分考虑国家安全、经济社会和科学技术发展以及资源有效利用的需要。

无线电管理机构处理无线电频率相互之间的有害干扰,应当遵循频带外让频带内、次要业务让主要业务、后用让先用、无规划让有规划的原则;遇到特殊情况时,由无线电管理机构根据实际情况协调处理。

3.1 频率划分

3.1.1 频率划分的依据

1. 一般规定

无线电频率划分规定是无线电频率规划的重要内容,是无线电管理的基础性、纲领性文件,是进行频率划分、分配、指配以及调整频率规划的主要依据。

无线电频率划分规定是指对一种或多种地面或空间无线电业务或射电天文业务在制定条件下使用某频带做出的具体规定,一般分国际无线电频率划分规定和国内无线电频率划分规定。国际无线电频率划分规定是国际电联通过的具有法律效力的《无线电规则》的主要内容,一般由世界无线电通信大会(WRC)确定和修改。

我国的无线电频率划分,是在遵循国际上无线电频率划分规定的基础上,依据我国无线电业务应用状况和无线电技术发展水平进行的。我国现行无线电频率划分的法规性文件,是中华人民共和国工业和信息化部颁发的于 2023 年 7 月 1 日起施行的《中华人民共和国无线电频率划分规定》。

2. 无线电业务的种类

《中华人民共和国民法典》第二百五十二条规定"无线电频谱资源属于国家所有"。为了充分、合理、有效地利用无线电频谱资源，《无线电规则》中定义了 42 种无线电业务，涵盖了所有的无线电应用。我国的《无线电频率划分规定》定义了 43 种业务，增加了"航空固定业务"。无线电业务划分如图 3-1 所示。

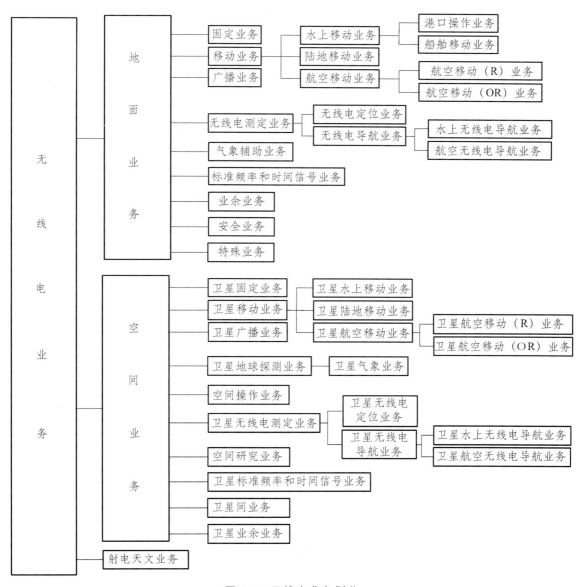

图 3-1　无线电业务划分

我国的《无线电频率划分规定》将无线电频谱划分为若干频段，一种或多种无线电业务可在规定条件下使用某一频段。目前，由于技术的发展所限，各类无线电应用主要使用 60 GHz 以下的频谱资源，其中 3 GHz 以下频段应用最为密集。

《无线电规则》把无线电业务分为无线电通信业务和射电天文业务两大类。无线电通信业务是将需要传送的声音、文字、数据、图像等电信号调制在无线电波上，经空间和地面传至对方的通信方式，利用无线电磁波在空间中传输信息的通信方式。射电天文业务是以无线电频率研究天体的天文学业务，射电天文学以无线电接收技术为观测手段，观测的对象遍及所有天体。

43 种无线电业务分别为：无线电通信业务、固定业务、卫星固定业务、航空固定业务、卫星间业务、空间操作业务、移动业务、卫星移动业务、陆地移动业务、卫星陆地移动业务、水上移动业务、卫星水上移动业务、港口操作业务、船舶移动业务、航空移动业务、航空移动业务（航线内）、航空移动业务（航线外）、卫星航空移动业务、卫星航空移动业务（航线内）、卫星航空移动业务（航线外）、广播业务、卫星广播业务、无线电测定业务、卫星无线电测定业务、无线电导航业务、卫星无线电导航业务、水上无线电导航业务、卫星水上无线电导航业务、航空无线电导航业务、卫星航空无线电导航业务、无线电定位业务、卫星无线电定位业务、气象辅助业务、卫星地球探测业务、卫星气象业务、标准频率和时间信号业务、卫星标准频率和时间信号业务、空间研究业务、业余业务、卫星业余业务、射电天文业务、安全业务、特殊业务。

3.1.2 频率划分的内容

1. 国际频率区域划分

为划分无线电频率，国际电信联盟《无线电规则》按照 A、B、C 三条分界线将世界划分为三个区域。

一区：包括欧洲、非洲和部分亚洲国家，如亚美尼亚、阿塞拜疆、格鲁吉亚、哈萨克斯坦、蒙古国、乌兹别克斯坦、吉尔吉斯斯坦、俄罗斯、塔吉克斯坦、土库曼斯坦、土耳其和乌克兰以及 A、C 两线之间俄罗斯以北的地区，不包括两线之间的伊朗伊斯兰共和国领土。

二区：包括南美洲、北美洲，主要为 B、C 之间的地区。

三区：包括大部分亚洲国家和大洋洲，即包括伊朗伊斯兰共和国位于 A、C 两线以外的那部分领土，但不包括亚美尼亚、阿塞拜疆、格鲁吉亚、哈萨克斯坦、蒙古国、乌兹别克斯坦、吉尔吉斯斯坦、俄罗斯、塔吉克斯坦、土库曼斯坦、土耳其和乌克兰的任何领土部分和俄罗斯以北的地区。中国位于第三区。

2. 国内频率划分

我国频率划分以国际频率划分表第三区频率划分为依据，结合我国实际情况，制定了《中华人民共和国无线电频率划分规定》。该规定的实施，有助于充分、合理、有效地利用无线电频谱资源，保证无线电业务的正常运行，防止各种无线电业务、无线电台（站）和系统之间的相互干扰。

　　《无线电频率划分表》是《中华人民共和国无线电频率划分规定》的主体，将 3 000 GHz 以下的频率划分为 501 个频段，将每个频段都指定给事先划分好的某一种无线电业务专用或若干种无线电业务共用，其中共用频段再按照主要业务和次要业务来区分使用顺序，以满足不同情况的使用需要。

　　我国无线电频率划分表共分两栏，分别是"中华人民共和国无线电频率划分"和"国际电联 3 区无线电频率划分"。"中华人民共和国无线电频率划分"又分为"中国内地""中国香港""中国澳门"三栏（不包括中国台湾）。"国际电联 3 区无线电频率划分"是指国际电信联盟《无线电规则》频率划分表中国际电联 3 区的频率划分。表 3-1 所示为《无线电频率划分表》中部分频段的划分示例。

表 3-1　《无线电频率划分表》中部分频段的划分示例　　　单位：kHz

中华人民共和国无线电频率划分规定（不包括中国台湾）			国际电联 3 区无线电频率划分
中国内地	中国香港	中国澳门	
84～86 无线电导航　5.60 [固定] [水上移动]　5.57		84～86 无线电导航 [固定] [水上移动]	84～86 无线电导航　5.60 [固定] [水上移动]　5.57
86～90 固定 水上移动　5.57 无线电导航　5.60		86～90 固定 水上移动 无线电导航	86～90 固定 水上移动　5.57 无线电导航　5.60
90～95 固定 水上移动　CHN1 无线电导航　5.62 5.64　CHN2	90～130 无线电导航	90～110 无线电导航 [固定]	90～110 无线电导航　5.62 [固定] 5.64
95～110 无线电导航　5.62 [固定] 水上移动 无线电导航　5.60 5.64			
110～112 固定 水上移动 无线电导航　5.60 5.64		110～112 固定 水上移动 无线电导航	110～112 固定 水上移动 无线电导航　5.60 5.64
112～117.6 无线电导航　5.60 [固定] [水上移动] 5.64		112～117.6 无线电导航 [固定] [水上移动]	112～117.6 无线电导航　5.60 [固定] [水上移动] 5.64　5.65

3.1.3 频谱重新配置

1. 频谱重新配置的定义

频谱重新配置是将现有的频率指配中的用户或设备完全从特定频段上迁移，再将该频段划分给同一或不同无线电业务。

频谱迁移可能出于多种原因，例如：

（1）划分的频谱已经使用了相当长的时间，且无法满足现代系统的性能要求；

（2）某种新的无线电业务需要在特定频率范围内划分频率，而这些频率已被占用，且新业务不能与其共用；

（3）国际电联世界无线电通信大会做出决定，将现有已占用频段划分给其他不同区域或全球业务。

2. 频谱重新配置的方式

频谱重新配置包括自愿频谱重新配置和规定的频谱重新配置两种方式。

（1）自愿频谱重新配置。这种方式是指当频谱申请用户数量少于频段数量时，频率指配的成本最低或为 0。当执照延期时，相应的成本会提高。当频谱资源稀缺时，可通过拍卖的方式进行指配。拍卖机制用于频谱执照的初始分配。频谱监管机构可以不通过比较选择来确定移动或其他频谱执照的持有者，而是通过设置该业务开展的方式和提供的服务来对该执照进行拍卖。这种方式可以为政府财政提供额外收入，并确保频谱执照能到效率最高的运营商手中。

主管部门若能采取自愿频谱重新配置的方式，鼓励现有频谱用户主动将所用频率返还，以备主管部门重新进行指配。通常，当出现比现有设备提供更好服务的新技术时，可采用资源频谱重新配置方式。

（2）规定的频谱重新配置。该方式是与主管部门的频谱重新配置政策密切相关的方法。这一方法主要包括中止执照和拒绝更新现有执照这两种行政管理方式。主管部门提前通知或公布频段规划，确保受到影响的一方拥有足够的时间规划备份方案。通常，主管部门选择执照到期时间段实施频谱重新配置，且具体实施情况与执照期限有很大关系。若现有执照期限较长，或执照持有者认为执照能够自动更新从而购买了无线电设备，则主管部门可能会面临补偿要求。主管部门若希望在设备生命周期终止时实施频谱重新配置，则应尽可能提前公布实施频谱重新配置的意向。有时主管部门有必要与用户达成设备固定寿命协议，或强制规定截止时间，从而避免用户提出赔偿要求。

3.2 频率分配

频率分配，是指批准频率（或频道）给某一个或多个国家、地区、部门在规定的条件下使用的活动。频率分配是在无线电频率划分的基础上进行的，是频率指配和使用的前提，未经分配的频率，任何单位不得自行指配和使用。在国际上，通过召开无线电通信大会（WRC）

通过有关决议或制定某项规划来进行分配，通常附有相关的程序和各项技术特性。分配的结果记录在《无线电规则》附录的频率分配表中，如 12 GHz 频段卫星广播业务频率分配表（规划）、4 000～7 500 kHz 海上移动业务频率分配表（规划）等。这些分配通常附有相应的使用程序和技术性要求。

频率分属对象：地区或国家或部门，英文 Allotment（to allot）。无线电频率分配这个过程需要考虑到许多因素，如无线电业务的性质、覆盖范围、所需功率等。在分配频率时，需要确保不同用户之间不会产生干扰，以保证无线电通信的顺利进行。目前，无线电频率的分配方式主要有两种：行政分配和市场竞争分配。行政分配方式是由政府机构进行管理和分配，通常是根据各行业的实际需求和情况来进行分配，将无线电频率批准给一个或多个单位，在指定的区域和规定条件下使用。市场竞争分配方式则是通过拍卖、招标等方式来进行，以最大化利用有限的无线电频率资源。

在无线电频率的分配过程中，还需要考虑国际协调和合作。因为无线电频率是全世界共享的资源，如果不同国家和地区之间不能有效地协调和管理，就会导致频率冲突和干扰。因此，国际电信联盟等国际组织也在不断推动各国之间的合作和协调，制定和推广全球统一的频率划分规则和标准。

总的来说，无线电频率分配是一个复杂而重要的过程，需要综合考虑各方的需求和利益，以确保无线电通信的顺畅和高效。

3.2.1　以市场机制分配频率资源

近几年来，一些市场开发程度较高的国家对一些通信业务经营者的数量已经不再限制，其经营许可证采用核准的办法，只要符合管制部门规定的申请条件，就可以获得电信业务经营许可证。在无线通信领域，希望进入市场的竞争者不断增多，然而频率资源却十分有限。为了在频率资源的分配中最大限度地体现公平、公正、公开的原则，促进无线通信业务领域的市场竞争，许多国家纷纷采取了拍卖和评选等以市场机制分配频率资源的方式。

1. 拍　卖

频率拍卖模式是政府以公开竞价的形式，根据申请者为获取频率或许可证而支付的金额高低来确定中标者。在此体系下，国家以一定的底价，在拍卖会上以至少高出底价的金额，将频率资源的使用权转让给出价最高的竞标者，以达到资源最佳配置的目的。

2. 评　审

以特定的行政程序和条件来决定频率及许可证获得者的方法。评选通常由政府管制部门制定评审方法和依据，要求申请者提交申请书和相关资质资料，并组织评选委员会进行打分，经过评估，得分较高者即获得频率及经营许可证。

以 3G 移动电话频率为例，目前已发放 3G 执照的国家中，有跨国型通信运营商的芬兰与瑞典等国家，他们都是以评审制发放执照给通信运营商，主要考虑协助运营商降低成本负担，提升运营商的服务竞争力，使他们不仅在国内提供服务，也可将触角延伸至国外。

3. 评审+拍卖（招标）

在评审制的基础上，引入特殊的拍卖方式，衍生出了招标的频率分配模式，即"评审 + 拍卖"。申请者除了根据主管部门要求提交申请书和相关资料外，还需要对许可证报出相应的价格。评审即由管理部门先制定评审方法和依据，并组织评审委员会对申请者提交的申请书和相关资质资料进行打分，经过评估，得分较高者获得进入拍卖程序的资格。在确定许可证获得者时，出价的高低也将作为参考因素。

3.2.2 政府指配

在一般情况下，用传统行政指配的方式进行频率资源分配不仅花费的时间较短，而且成本也较低，特别是一些特殊的无线电业务。如抢险救灾等应急业务和射电天文等学术研究业务，进行频率分配时，由于同时出现多个频率申请者的可能性不大，因此适用于行政指配的分配方式。

从我国的实际情况看，频率资源配置政策应该充分考虑无线电频率资源是公共资源的本质，为社会公共利益服务，频率指配应根据不同的使用目的与服务内容，而采取多元化的频率资源配置方式。例如，依照无线通信与广播电视等不同频率用途，而选择不同的配置方式：对于公众商用频率，可采用拍卖招标等方式；对于非营利用途的频率，应采用更符合公众利益的频率指配方式。

3.2.3 频率许可

为了加强无线电频率使用许可管理，规范无线电频率使用行为，有效利用无线电频谱资源，根据《中华人民共和国无线电管理条例》及其他法律、行政法规的规定，制定《无线电频率使用许可管理办法》，自 2017 年 9 月 1 日起施行。

无线电频率使用许可的申请和审批如下：

1. 审批流程

频率许可审批流程包括申请、受理、审查、决定、制证和颁发六个环节，如图 3-2 所示。

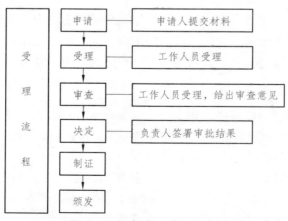

图 3-2　频率许可审批流程

（1）申请。申请人到政务服务中心综合窗口提交申请材料。

（2）受理。窗口工作人员收到申请材料当场或者规定工作日内做出受理或不予受理决定。材料不齐全或不符合法定形式的，办理机关应在规定工作日内一次性告知申请人需要补正的全部内容；对不属于受理范围的，出具不予受理通知书。

（3）审查。办理人员对申请人提交的材料进行审查，提出初步审查意见。

（4）决定。办理机关负责人依据审查意见签署审批结果。予批准办理的，由办理机关向申请人核发办理结果。

（5）制证。制证部门完成制证。

（6）颁发。申请人凭个人身份证明（有效的身份证、临时居住证、户口簿等）和受理通知书到申办窗口领取办理结果。

2. 申请条件

取得无线电频率的使用许可，应当符合下列条件：

（1）所申请的无线电频率符合无线电频率划分和使用规定，有明确、具体的用途；

（2）使用无线电频率的技术方案可行；

（3）有相应的专业技术人员；

（4）对依法使用的其他无线电频率不会产生有害干扰；

（5）法律、行政法规规定的其他条件；

（6）使用卫星无线电频率，还应当符合空间无线电业务管理的相关规定。

3. 申请权限

申请办理无线电频率使用许可，应当向无线电管理机构提交下列材料：

（1）使用无线电频率的书面申请及申请人的身份证明材料。

（2）申请人基本情况，包括开展相关无线电业务的专业技术人员、技能和管理措施等。

（3）拟开展的无线电业务的情况说明，包括功能、用途、通信范围（距离）、服务对象和预测规模以及建设计划等。

（4）技术可行性研究报告，包括拟采用的通信技术体制和标准、系统配置情况、拟使用系统（设备）的频率特性、频率选用（组网）方案和使用率、主要使用区域的电波传播环境、干扰保护和控制措施以及运行维护措施等。

（5）依法使用无线电频率的承诺书。

（6）法律、行政法规规定的其他材料。

（7）无线电频率拟用于开展射电天文业务的，还应当提供具体的使用地点和有害干扰保护要求；用于开展空间无线电业务的，还应当提供拟使用的空间无线电台、卫星轨道位置、卫星覆盖范围、实际传输链路设计方案和计算等信息，以及关于可用的相关卫星无线电频率和完成国内协调并开展必要国际协调的证明材料。

（8）无线电频率拟用于开展的无线电业务，依法需要获得有关部门批准的，还应当提供相应的批准文件。

3.3 频率规划

无线电频率规划是根据无线电频率划分或分配的规定，将某一频段内的某项业务的频率在地域或时间上的使用预先做出统筹安排，以实现频率资源的有效利用，并避免频率间的有害干扰。

3.3.1 规划原则

为搞好频率规划，首先必须制定所遵循的基本原则，作为频率规划的指导。在我国，频率规划一般遵循下列基本原则：

（1）根据各种无线电业务和技术的发展情况，统筹考虑各部门、各单位和个人对无线电频率的实际需求，进行科学规划，促进各种无线电业务的健康、有序地发展。

（2）在规划新技术、新业务的频谱需求时，充分考虑我国频谱使用的现实状况，包括国内有关运营、科研、生产等部门的现状，妥善处理业务效益与设备成本的关系，做到既鼓励新技术的采用，又不脱离现实。

（3）根据国际电联的最新文件和我国无线电频率划分规定，在进行频率规划时，综合考虑政治、经济和技术的因素，做到既符合国情，又尽量与国际划分一致，与国际标准接轨。

（4）选择技术成熟、先进可靠、应用广泛和对外公开的无线电系统标准和体制，积极支持频谱利用率高的通信方式；既要保护民族工业，又要打破垄断，鼓励和引导不同厂家、不同体制的合理竞争。

（5）深入研究各类业务之间、各无线电系统之间的电磁兼容和频率共用，提倡多种无线电业务共用频率，以提高频谱利用率。

（6）公平、公开、公正、合理地分配和充分有效地利用频率资源，发挥其最大的经济效益和社会效益，同时兼顾长远需求与近期需求，分步实施，平滑过渡，便于调整。

3.3.2 规划程序

为使频率规划工作制度化、科学化，必须制定出适合我国国情的频率规划工作程序。在我国，要完成某一业务和频带的频率规划工作，一般进行下面几个步骤：

1. 频谱需求分析

收集并分析企业、运营商、普通公众、商业部门、政府、军队等无线电用户对无线电频谱所提出的需求（包括潜在需求）；从长远利益出发，研究储蓄频谱的需求；从国家权益出发，研究国家对频谱/轨道资源的整体需求。根据国内外无线电技术和业务的发展，用户数量的增长速度，无线电系统的容量，综合国家经济发展的趋势，采用专家咨询、趋势分析、技术跟踪，以及委托科研部门进行专题研究等方法，对频谱需求进行量化，比较准确地分析、预测某一时期或近期或长期的某无线电业务对频率的需求量，为进行频率规划提供依据。

2. 规划调研

调研国外使用该频率无线电业务的发展状况、技术体制或标准、政府的频率管理规定等；调研国内用户的需求、设备生产能力，以及吸纳公关管理、运营、科研、生产等部门的态度等；调研国际电联《无线电规则》、ITU-R 建议书等的相关内容。

3. 规划可行性分析

初步分析规划与现已规划或使用的业务频率共用是否可行，包括进行有关的电磁兼容分析，采取哪种技术等措施能实现频率共用；如果是开发的频段，初步考虑技术上是否可行。

4. 提交初步规划方案

根据频率规划遵循的原则和规划调研的结论，提交频率规划的初步方案；提交规划方案的编制说明，包括频率规划的理论和实际的具体依据、技术分析、规划调研的内容等。

5. 征求意见

形成初步规划方案后，召开有关会议或发布通函（包括使用互联网），公开或局部征求各界（包括国内外厂商、最终用户以及管理、研制、进口、生产、使用、高等院校等部门）和有关专家对该规划方案的意见和建议；征求意见后，经修改形成规划方案的送审稿。

6. 规划方案的协调与审定

由于频率规划方案可能涉及方方面面的利益，必须召开有关协调会，然后再对规划方案进行审定。参加协调会议和审定会的人员视情况可包括有关专家以及无线电管理、运营、科研、生产、政府、军队等部门的代表。经会议审定并修改后形成规划方案，按照有关程序批准后发布实施。

以上是进行频率规划的一般程序，具体操作时，可视规划的难易程度对上述程序加以简化或修改。总之，进行任何高效、有实效的活动之前都必须进行规划，频率规划也不例外。只要科学地进行频率规划，新的频率需求是可以得到满足的。由于无线电设备价格昂贵和复杂，其开发或购买通常需要进行长远考虑。当然，为满足动态变化的频谱需求，短期规划和长期规划应该兼顾，并注意及时修改规划。我们还要树立频率规划的权威性，一旦建立了频率规划，就必须严格遵守并坚决贯彻执行。

3.3.3　规划内容

无线电频率规划按时间长短可分为短期规划、长期规划和战略规划。短期规划一般考虑大约 5 年内需要解决的频率问题方案或实施无线电系统的规划；长期规划一般考虑大约 10 年内需要解决的频率问题方案或实施无线电系统的规划；战略规划集中关注和解决某些关键的频率问题。

无线电频率规划按覆盖的范围可分为国际频率规划和国内频率规划。国际频率规划是由各国主管部门参加国际电联有关大会讨论并确定的频率规划，主要有两类：第一类为国际频率划分表，它是世界各国电信主管部门进行国内频率划分和分配等无线电管理工作的基本依据；第二类为国际频率分配规划，即对某些无线电业务将要使用的频率按不同频道或不同国家预先进行分配，以避免有害干扰的产生，对列入规划的频率，则受到国际保护。例如，1975年的中长波广播频率规划，2000年微型广播业务频率/轨道重新规划，1985年的高频广播频率规划，1987年的水上移动业务频率规划，1988年的卫星固定业务频率/轨道规划，1959年航空移动业务的频率分配规划，等等。

国内频率规划，可分为三类：第一类是参照国际频率划分规定，制定和修改国内无线电频率划分规定，将各频带划分给相应的无线电业务使用；第二类是在国内频率划分的基础上针对不同的业务，制定相应的分配规划，例如，固定业务中微波通信系统使用频带的分配及波道配置，集群通信系统、蜂窝移动通信系统的频率分配规划及 PHS（个人手持式电话系统）与 DECT（数字增强型无绳通信）频率共用规定等；第三类是制定频率指配规划，即根据无线电台（站）的覆盖区域、电波传播特性、设备的技术参数、信号干扰保护比等制定出全国范围内的具体频率指配规划，航空移动业务、水上移动业务的频率规划等均属此类。

实际上，频率规划是政策性、技术性很强的无线电管理手段，它必须综合考虑政治、经济、技术、无线电运营和操作、公众需求和国家利益、设备成本等方方面面的因素。由于无线电频率越来越拥挤，许多无线电业务不得不共用同一频带，而有些无线电业务如导航、遇险和安全通信、射电天文等必须确保其不受有害干扰；另外，新业务、新技术不断出现，旧业务逐步萎缩或淘汰，所有这些都给频率规划增加了许多困难。

3.4 频率指配

无线电频率指配，是国家或军队电磁频谱管理机构根据审批权限批准某单位或个人的某一无线电系统或设备在规定的条件下使用某一个或一组无线电频率。频率指配必须符合科学合理的原则，科学合理是对无线电网络设计的总体要求。从频率使用的角度来说，科学合理就是必须使频率得到合理、充分、有效地利用，避免有害干扰的产生，在满足需要的前提下，尽量节省频率资源。

在无线电技术领域，频谱资源是无线电磁系统赖以生存的关键资源。为了对频谱资源进行合理有效地规划，解决频谱资源供需之间的矛盾，频率指配问题（Frequency Assignment Problem，FAP）应运而生。

3.4.1 频率指配方法

电磁频谱管理部门首先必须根据通信距离、通信方式、业务容量、地形条件、电磁环境及不同频段电波传播特性，选择合适的频段。如在业务量不大、话音等级要求不高的情况下，要实现远距离话音通信，应优选短波；如通信距离仅几千米，则可选择超短波。同为区域移动通信网，如通信范围在电磁环境较好的乡村，150 MHz 频段可提供较佳的传输效果；在电气噪声较大的都市区，一般应选 450 MHz 频段或更高的频段；150/450 MHz 双频段频率及800 MHz 集群移动通信频率，用于用户数量较多、业务量较大的多信道共用系统；900 MHz频段则专用于大容量的公众移动电话系统。无线电频率使用许可由国家无线电管理机构实施。

国家无线电管理机构确定范围内的无线电频率使用许可，由省、自治区、直辖市无线电管理机构实施。国家无线电管理机构分配给交通运输、渔业、海洋系统（行业）使用的水上无线电专用频率，由所在地省、自治区、直辖市无线电管理机构分别会同相关主管部门实施许可；国家无线电管理机构分配给民用航空系统使用的航空无线电专用频率，由国务院民用航空主管部门实施许可。

3.4.2　频率指配流程

1. 流程介绍

频率指配工作是用频台站设台审批工作的重要组成部分，指配频率的工作程序服从于设台审批工作程序。除小功率电台及小型网络可以从简外，一般应按以下顺序完成频率指配工作：

1）预指配频率

预指配频率在设台的行政审查的基础上进行。根据用户通信联络要求确定的工作频段，计算并确定必需的频率数量；根据台站频率数据库及当地的电磁环境资料查找出该频段可指配频率，进行初步电磁兼容分析计算，选出合适的具体频率，确定频率使用的地域、工作时间、工作方式等基本条件；必要时与邻近地域的有关电磁频谱管理部门进行频率协调，防止互相干扰；对用户下达频率预指配通知书，明确具体频率及相关的使用条件。

2）核准频率

核准频率在用户单位填写用频台站技术资料申报表及台站网络设计资料的基础上进行。其主要工作内容如下：对拟建台站、网络服务区域的电磁环境进行实地监测，对预指配频率进行全天实地监测，掌握该地域的电磁背景噪声及预指配频率的背景噪声数据；审查用户的设计资料及申报表，审核预指配频率的数量及使用是否符合经济、合理的原则，如不符合应予以改正；综合进行电磁兼容分析计算，核准使用频率的具体条件，如发射地点、功率、时间、方向、天线高度等设备技术指标；将核准结果通知用户单位，以使用户单位购置设备与建台组网。

3）复核指配频率

复核指配频率在台站网络试运行和验收阶段进行，检查设台单位是否按核定结果使用频率。检验试用的频率是否合适，与其他台站之间是否产生相互干扰；如果产生有害干扰，应协调处理或重新预指配频率。正式指配频率并规定频率的具体使用条件（即核定台站的主要技术指标）。在电台执照及电台（站）技术核定表上填好上述相关内容，并颁发给用户。

2. 行政指配

无线电管理机构应当自受理无线电频率使用许可申请之日起 20 个工作日内审查完毕，并综合考虑国家安全需要和可用频率的情况，做出许可或者不予许可的决定。予以许可的，颁发无线电频率使用许可证；不予许可的，书面通知申请人并说明理由。无线电频率使用许可证应当载明无线电频率的用途、使用范围、使用率要求、使用期限等事项。

3. 市场竞争

地面公众移动通信使用频率等商用无线电频率的使用许可，可以依照有关法律、行政法规的规定采取招标、拍卖的方式。无线电管理机构采取招标、拍卖的方式确定中标人、买受人后，应当做出许可的决定，并依法向中标人、买受人颁发无线电频率使用许可证。

本章小结

（1）频率管理，是指对无线电频率的划分、分配和指配。

（2）《无线电规则》和《中华人民共和国无线电频率划分规定》是我国频谱管理工作的基本法律依据。

（3）《无线电规则》中定义了 42 种无线电业务，涵盖了所有的无线电应用；我国的《无线电频率划分规定》定义了 43 种业务，增加了"航空固定业务"。

（4）国际电信联盟《无线电规则》按照 A、B、C 三条分界线将世界划分为三个区域。

（5）我国无线电频率划分表共分两栏，分别是"中华人民共和国无线电频率划分"和"国际电联 3 区无线电频率划分"。

（6）频率指配工作按照预指配频率、核准频率、复核指配频率三个流程完成。

（7）无线电频率规划按时间长短可分为短期规划、长期规划和战略规划。

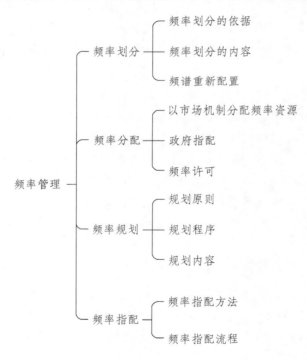

思考与练习

1. 填空题

（1）根据国际频率区域划分，中国位于第（　　　）区。

（2）频率管理，是指对无线电频率的（　　　）、（　　　）、（　　　）和（　　　）。

（3）《无线电规则》中定义了 42 种无线电业务，涵盖了所有的无线电应用；我国的《无线电频率划分规定》定义了（　　　）种业务。

（4）无线电频率规划按时间长短可分为（　　　）规划、（　　　）规划和（　　　）规划。

2. 选择题

（1）我国现行无线电频率划分的法规性文件，是中华人民共和国工业和信息化部颁发的于 2014 年 2 月 1 日起施行的（　　　）。

  A.《无线电频率使用许可管理办法》

  B.《中华人民共和国无线电频率划分规定》

  C.《无线电规则》

  D.《国家频谱管理手册》

（2）我国的《无线电频率划分规定》定义了 43 种业务，增加了（　　　）。

  A. 卫星间业务　　　　　　　　　　B. 航空固定业务

  C. 移动业务　　　　　　　　　　　D. 航空移动业务

（3）通信范围在电磁环境较好的乡村，（　　　）MHz 频段的传输效果较佳。

  A. 50　　　　　　B. 100　　　　　　C. 150　　　　　　D. 200

（4）在电气噪声较高的都市区，一般应选（　　　）MHz 频段或更高的频段。

  A. 300　　　　　　B. 350　　　　　　C. 400　　　　　　D. 450

3. 判断题

（1）频谱重新配置是将现有的频率指配中的用户或设备完全从特定频段上迁移，再将该频段划分给同一或不同无线电业务。（　　　）

（2）在国际电联区域划分图上，欧洲、非洲位于第一区。（　　　）

（3）自愿频谱重新配置方式是指当频谱申请用户数量少于频段数量时，频率指配的成本最低或为 0。（　　　）

4. 简答题

（1）频谱重新配置包含哪两种方式？

（2）简述频率指配的含义。

第 4 章　动态频谱共享

学习目标

1. 了解动态频谱共享的含义、分类情况、相关技术以及实现方法和步骤；
2. 掌握动态频谱接入的基本概念和技术分类；
3. 掌握频谱感知技术的基本概念和分类情况。

　　动态频谱共享（Dynamic Spectrum Sharing，DSS）管理模式是提升我国无线电管理水平的有效途径。《国家无线电管理规划（2016—2020 年）》明确指出"完善频率动态管理机制，推动频率利用由独享模式向共享模式转变"并"推动频率动态共享等技术的研发与使用"，表明我国无线电管理部门将动态频谱共享作为未来频率使用的重要方向之一。

　　频谱资源管理技术能够使有限的频谱资源得到有效利用。频谱资源是有限的，如何合理利用频谱资源，是无线通信领域的一个重要课题。在频谱资源管理技术中，动态频谱接入技术（Dynamic Spectrum Access，DSA）可被用于提高频谱利用率。动态频谱接入技术将无线电频谱划分为多个小区域，利用其中没有被利用的频谱资源进行通信，以此提高频谱的利用率。

4.1　频谱共享

4.1.1　动态频谱共享技术基础

1. 动态频谱共享的含义

　　频谱共享主要有上行频谱共享、下行频谱共享、静态频谱共享和动态频谱共享四种方式。上行频谱共享是指基站与移动设备之间进行的频谱共享；基站在同一频率上广播多个不同的信道或码片，使得多个移动设备可以在这些信道上进行通信，从而实现频谱资源的共享。下行频谱共享模式指的是移动设备之间通过动态频谱分配（DSD）实现的频谱共享。在这种模式下，多个移动设备可以在同一频率上同时发送和接收数据，从而达到提高频谱利用率的目的。静态频谱共享是指在固定的时间间隔和频率划分下，为多个用户分配相同的时间和频段来实现频谱共享的方式，这种方式通常用于早期的通信系统，如 FDMA（频分复用）和 TDMA（时分复用）。

动态频谱共享是一种更为先进的频谱共享方法，它允许用户在需要时临时访问频谱资源，并在不需要时释放给其他用户。这种方法可以通过软件定义无线电（SDR）、认知无线电（CR）和其他智能技术来实现，以优化频谱的使用效率并减少不必要的干扰。

动态频谱共享是指将用户划分为主要用户和次要用户的基础上，频谱可以在多个维度被用户共享使用。也就是说，在保证主要用户不受干扰的前提下，可以通过设计执照权限，使得次要用户在一定的时间、地点、发射功率以及干扰保护限制下使用原本被主要用户独占使用的频谱资源。频谱共享技术的优点在于允许不同用户共享同一频段，以提高频谱的利用率。通过合理的共享策略和干扰管理，可在保证网络性能的同时，实现频谱资源的高效利用。

2. 动态频谱共享分类概述

动态频谱共享是一种提高频谱利用率，增强网络性能的重要技术。通过动态调整频谱分配，可以在不同用户和服务之间实现灵活的频谱共享。动态频谱共享分类主要按照共享方式、共享对象和共享范围进行划分。

动态频谱共享按照共享方式可以分为合作式共享和竞争式共享两类。合作式共享是用户之间通过协商或者按照一定的规则共享频谱资源，可以实现更好的用户体验和更高的频谱利用率。竞争式共享是用户通过竞争方式获取频谱资源，可以提高系统的灵活性和响应速度，但是可能导致一些用户无法获得资源。

动态频谱共享按共享对象可以分为频谱感知共享和频谱池共享两类。频谱感知技术获取空闲频谱资源进行共享，可以有效提高频谱的利用率，该技术在下一节会详细介绍。频谱池共享是将多个用户的频谱资源集中管理，实现动态分配和共享，可以提高整体网络的性能。

动态频谱共享按共享范围可以分为局域网共享和广域网共享。局域网共享是在局域网范围内实现动态频谱共享，可以提高局域网内的网络性能和服务质量。广域网共享是在广域网范围内实现动态频谱共享，可以更加灵活地利用频谱资源，提高整体网络的性能。

3. 动态频谱共享技术

动态频谱共享技术主要介绍动态频谱分配技术和动态频谱共享协议两部分。

1）动态频谱分配技术

动态频谱分配技术是一种根据网络需求和无线环境实时变化，动态地分配和调整频谱资源的技术。它利用感知技术、决策算法和重构机制，实现频谱资源的高效利用和优化配置。动态频谱分配技术可以提高无线网络的容量、性能和可靠性，降低干扰和拥堵。其特点是可以根据不同的分配方式和时间尺度进行分类，包括集中式、分布式、基于拍卖和博弈等不同类型的算法。不同类型的动态频谱分配技术各有优缺点，需要根据应用场景和需求进行选择和优化，同时还需要考虑感知精度、决策速度、公平性和收敛性等方面的指标。动态频谱分配技术适用于多种无线通信场景，包括军事通信、公共安全、智能交通、物联网等。

2）动态频谱共享协议

动态频谱共享协议是一种实现无线频谱资源灵活利用的关键技术，有助于提高频谱利用率和网络性能。该协议允许不同无线网络在时间和空间上动态共享频谱资源，根据需求进行自适应调整。该协议在实施过程中需要考虑多方面因素，如干扰管理、公平性、收敛速度等。

根据共享方式和网络结构，动态频谱共享协议可分为集中式、分布式和混合式。集中式协议由中央控制器统一管理频谱资源，适用于小规模网络；分布式协议由各个节点自行协商共享频谱，适用于大规模网络；混合式协议结合了集中式和分布式的特点，以提高性能和灵活性。

4. 动态频谱共享实现方法

动态频谱共享可以通过不同方法实现。当前主要有以下两种方法：

（1）使用认知无线电技术（CR），实现动态频谱选择。CR技术能够自动地监测周围的无线电环境情况，智能地调整系统的参数以适应环境的变化，在对授权用户不造成干扰的前提下，从时间、空间、频率等多维度利用空闲的频谱资源。

（2）通过完善的数据库进行动态频谱管理。次要用户通过查询数据库来获得一定区域内的空闲频谱情况，从而"见缝插针"地使用相应的频谱资源。目前，美国在电视"白频谱"上的免执照设备就是通过此原理工作的。

4.1.2 实施动态频谱共享的步骤

1. 频谱评估

通过频谱评估，无线电管理部门可以对各个频段的使用情况进行较为全面的了解，从而为建设完善的数据集做准备。另外，对于那些使用效率较低的频段，在实施频谱共享之前，可以进一步进行频率的压缩、腾退或重耕。

为了较好地开展频谱评估工作，需要建立一套完备的评估指标体系。大体上的评估指标包括三类：频率、台站、业务。其中，频率类指标以频率占用情况为分析目标，以全国频率数据库和无线电监测数据为主要数据来源开展分析；台站类指标以台站数量、覆盖、分布等为分析目标，以台站数据库为主要数据来源开展业务；业务类指标以无线电业务特征为分析目标，明确各业务的服务质量要求、保护要求等。

2. 无线电业务分级

为实施动态频谱共享，对无线电业务进行分级是必要的。提供分级，无线电管理部门可以明确哪些无线电业务能够接受共享方式使用频谱，从而引入共享执照，允许频率动态频谱共享，并针对不同业务级别制定相应的共享方式。用于国家安全、政治事务、重大活动等的业务，可以明确不能与其他业务共享使用频率；即使共享使用，此类业务也具有绝对的优先级。一般的社会公益、商业等业务应用，可以以动态共享方式使用频谱，并视商业化程度及频谱占用度收取频占费。也可以根据具体特征进行细致的业务分类。

3. 建立频谱共享系统

为了实现动态频谱共享，从管理角度来看，无线电管理部门需要制定相关政策，以确保频谱共享涉及的当前用户和将以共享方式使用的次要用户的相关权益；从技术角度来看，在拟用于共享的频段，要建设完善的共享数据库或者研发采用最新认知无线电技术的无线电设备，并建立完善的接入控制机制，从而保障频谱共享的实施。

4.2　动态频谱接入

4.2.1　动态频谱接入技术基础

动态频谱接入（DSA）是一种新的频谱共享模式，是一种利用空闲频谱进行通信的技术。它的基本思想是：在保护已授权用户（主要用户）不受干扰的前提下，允许未授权用户（次要用户）自适应地接入空闲频段进行通信，从而实现对频谱资源的灵活分配和高效利用。

动态频谱接入技术与传统的静态频谱接入技术有很大的不同。传统的静态频谱接入技术是一种固定分配和排他使用的方式。它将整个频谱划分为若干个固定的频段，并将每个频段分配给一个特定的通信系统或服务。这种方式虽然简单明了，但也存在很大的缺陷。一方面，由于通信需求和环境变化不断地发生，导致某些频段过于拥挤，而某些频段闲置浪费。另一方面，由于每个通信系统或服务只能使用自己被分配的频段，导致无法充分利用其他空闲或可共享的频段。动态频谱接入技术则是一种灵活分配和共享使用的方式。它不再将整个频谱划分为若干个固定的频段，并将每个频段分配给一个特定的通信系统或服务。而是根据实时的需求和环境变化，动态地调整每个通信系统或服务使用的频段和带宽。这种方式可以有效地解决频谱资源的紧张和浪费的问题，从而提高频谱的利用率和效率。

从信号分析和网络架构等不同角度出发，可以将其分为三种接入模型，分别为动态专用模型（Dynamic Exclusive Use Model）、开放共享模型（Open Sharing Model）以及分级接入模型（Hierarchical Access Model），如图 4-1 所示。

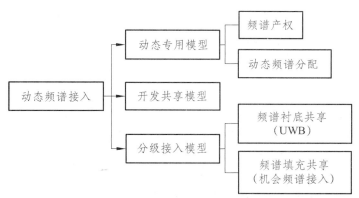

图 4-1　动态频谱接入技术分类

1. 动态专用模型

动态专用模型的基本规则是频带资源由授权用户独自占用并拥有长期使用权，这一点与现有静态频谱接入机制是一样的。而较之前，动态专用模型的灵活性更体现在业务通信过程中的频谱资源的动态调度，主要运用两种技术方案：动态频谱分配技术和频谱产权。

动态频谱分配方案是动态专用模型中的关键技术策略，是由欧洲 DRIVE（欧洲第 5 个研究和技术开发框架计划中的项目，Dynamic Radio for IP-Services in Vehicular Environments，车辆环境中的动态无线电 IP 服务）计划所提出以针对解决商业领域频谱资源模型分配的问题。动态频谱分配方案利用授权用户对可用频段的占用情况，统计在时间、空间、频率上的规律和特性，与认知用户共享无线通信网络，在频谱空闲间隙充分利用可用频谱资源，从而提高频谱的利用效率。也就是说，认知无线电网络中所有用户都达成共识，由控制中心主动分发策略，在规定时间和地点将频谱资源分配给唯一用户使用，该用户拥有绝对占用权，其他用户没有抢夺频谱资源的权利。而且在通信业务过程中，动态频谱分配方案可以根据网络特性实时发放分配策略，以调整网络资源和抑制干扰。但是当网络系统出现突发请求的情况时，并不能从容处理由于请求拥挤而出现的碰撞问题，这也会对系统服务质量产生一定的影响。

频谱产权方案主要是为解决在复杂认知系统接入时存在的问题。认知无线电网络允许授权用户根据网络特性、用户干扰等多个属性对频谱资源明码标价，向认知用户自由租赁或者出售其所在授权频谱资源。通过收支均衡的原则，灵活运用认知无线电网络频谱市场规律，动态调整出售政策，从而平衡频谱分配问题并解决服务质量最优问题。然而频谱产权方案实现动态交易存在算法和技术上的难点。

2. 开放共享模型

与动态专用模型的专用用户独享频谱资源机制恰好相反，开放共享模型向认知无线网络中所有用户开放频谱使用权限，通过用户之间的协调共享机制，有效利用频谱资源。根据网络架构不同又可以将开放共享模式划分为集中式开放频谱共享和分布式开放频谱共享。集中式的开放共享模型拥有认知控制中心，可以主动对认知无线网络中的所有用户进行统一管理，通过各认知端点认知到频谱资源的使用情况，控制中心通过对现有网络状态的实时统计，向提出接入请求的用户发送自适应分配策略，实现空闲频谱资源的有效合理分配。而分布式的开放共享模型并没有认知控制中心（如点对点的 AD-Ho 网络），因此在无线系统网络中由各个用户节点协作检测频谱资源，分配策略规则由认知用户自己决定，通过竞争分配达到资源策略统一化。

3. 分级接入模型

基于无线通信业务实时变化的特性，通过适当的频谱分配策略自适应网络环境的更新，从而实现认知用户在不对授权用户产生干扰的前提下，与授权用户共享可用授权频段，使整个网络系统可以在一个相对稳定平衡的环境下正常工作。目前，可以将分级接入模型分为两种：频谱衬底共享（Underlay）和频谱填充共享（Overlay）。

频谱衬底共享（Underlay）：其接入方式的最基本思想就是认知用户可以与授权同时在相同频段上共享频谱资源。在此接入方式下，认知用户不需要提前检验所要接入频段上是否有授权用户正在进行使用，在保证用户接入功率控制在授权用户可以容忍的范围之内，允许认知用户共享使用频谱资源。认知无线系统通过设置合理的功率参数和信道属性实现多用户的同时接入使用。在通信过程中，授权用户需要对干扰温度和功率控制进行限制，只有认知用户对授权用户的干扰小于授权系统的干扰温度时，由于传输效率的控制，认知用户可以较低功率进行传输，满足整个系统吞吐量最大化的同时，尽可能减少认知用户对系统的碰撞干扰，从而保证认知网络的服务质量。

频谱填充共享（Overlay）：其接入方式的最基本思想就是认知用户只能利用频谱空穴进行通信。在此接入方式下，由于授权用户对其授权频段的使用具有绝对优先权，认知用户需要根据频谱信道状态进行感知检测，当频谱产生空闲时隙时，系统才会允许用户接入相应频段进行数据传输。而当认知用户正在使用频谱资源的时候，该频段的授权用户向系统提出接入请求，正在工作的认知用户需要立刻停止数据传输与业务通信，退出相应频段供授权用户接入。在通信过程中，由于授权用户的接入使用模型是未知的，需要认知用户对频谱资源占用情况进行周期性的检测和感知，防止授权用户的突发接入而引起用户碰撞情况，降低干扰以保证整个认知网络系统的合理性。

动态频谱接入技术的实施分为 4 个主要阶段：频谱感知、频谱分析、频谱接入和频谱切换。频谱感知是动态频谱接入技术的核心，是通过定期检测目标频段来发现频谱空洞（如频率、位置和时间），并确定在不干扰授权用户正常通信情况下可用的频谱接入方法。在频谱分析阶段，分析从频谱感知阶段获取的数据，得到频谱空洞信息（如干扰估计、可用时段、与授权用户的碰撞概率），并决定接入的频谱参数（如频率、带宽、调制方式、发射功率、位置和持续时间）。频谱接入是在做出基于频谱分析的频谱接入决定后，非授权用户获取频谱空洞的过程。频谱切换是改变非授权用户工作频率的操作，当授权用户开始访问目前正在由非授权用户使用的无线信道时，非授权用户应立即改变其工作频率。频谱切换同时还需要确保非授权用户的数据传输可以在新频段中继续进行。

4.2.2　频谱感知技术

频谱感知技术是频谱管理的基础，是指通过一定的方法和技术，监测和识别频谱使用情况。该技术作为构建认知网络的核心技术，通过可靠的网络检测技术探知可用网络环境，并结合频谱检测算法机制对该环境下网络频谱状态进行感知分析。由于授权用户本身的占有性是不允许其他用户在其授权工作频段进行接入使用的，认知用户需要通过连续的或者周期性的频谱感知进行频段检测，可以调整工作方式或功率参数进行机会频谱接入。同时，在业务使用中的认知用户也需要持续感知授权用户状态，当检测到授权用户接入请求时，需要主动避让退出工作状态，防止对授权用户或授权频段造成干扰。通过频谱感知技术能够提高频谱利用率，减少干扰，提升网络性能。

根据感知功能的不同，常见的频谱感知技术主要划分为两种，即单点检测和协作检测两大类，如图 4-2 所示。

目前，常见的频谱感知技术包括能量检测、匹配滤波、循环特征检测等。随着无线通信的快速发展，频谱感知技术也在不断进步，未来基于深度学习和人工智能的频谱感知技术将会成为主流，进一步提高频谱管理的效率和准确性。

能量探测的优点在于其广泛的适用性和相对简单的计算复杂度，并且它无须获得授权用户的先验信息。但是，能量探测器的门限容易受到背景噪声谱密度的影响。此外，它只能探测到有信号出现，而不能区分信号的类型，容易被不明信号误导而产生误判。

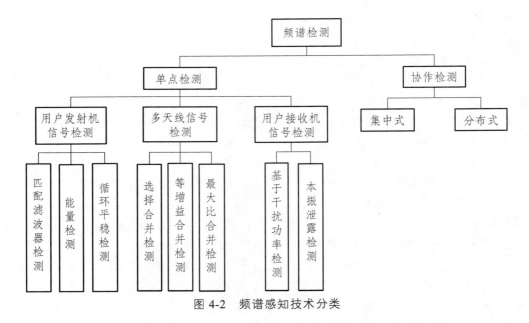

图 4-2 频谱感知技术分类

匹配滤波器探测的主要优点在于匹配滤波器在很短的时间内就能够获得高处理增益。但系统对每一类型的授权用户都要设置专门的接收器，这增加了系统的复杂度，在实际应用中匹配滤波器探测的实现难度较大。

静态循环特征探测具备很强的抑制噪声的能力，相较于能量探测器能够更好地分辨出噪声信号。但是，它的复杂度要高于能量探测器且需要更长的观测时间。

协作感知是指在多数实际情况下，认知无线电与授权用户的网络在物理上是分隔开来的。也就是说，在对发射机探测时，由于不知道授权用户接收机位置和信息而造成的干扰是不可避免的。因此，在这种情况下，认知无线电需要与其他用户进行合作，从其他用户处得到信息并进行准确探测，这种方法称为协作感知。

频谱感知技术的性能指标为检测概率和漏警概率。检测概率是指主要用户信号存在的条件下，次要用户正确检测出主要用户信号存在的概率。漏警概率是指主要用户信号存在的条件下，次要用户错误判断主要用户信号不存在的概率。

本章小结

（1）共享频谱主要有上行频谱共享、下行频谱共享、静态频谱共享和动态频谱共享四种方式。

（2）动态频谱共享是指将用户划分为主要用户和次要用户的基础上，频谱可以在多个维度被用户共享使用。

（3）动态频谱共享分类主要按照共享方式、共享对象和共享范围进行划分。

（4）动态频谱共享可以通过使用认知无线电技术（CR）和通过完善的数据库进行动态频谱管理的方法实现。

（5）从信号分析和网络架构等不同角度出发，可以将动态频谱接入分为动态专用模型、开放共享模型以及分级接入模型。

（6）动态频谱分级接入模型可分为两种：频谱衬底共享（Underlay）和频谱填充共享（Overlay）。

思考与练习

1. 填空题

（1）动态频谱共享分类主要按照（　　　）、（　　　）和（　　　）进行划分。

（2）根据共享方式和网络结构，动态频谱共享协议可分为（　　　）式、（　　　）式和（　　　）式。

（3）实施动态频谱共享的步骤有（　　　）、（　　　）、（　　　）三步。

（4）用户发射机信号检测有（　　　）、（　　　）和（　　　）。

2. 选择题

（1）下列（　　　）不属于动态频谱接入技术模型。

A. 动态专用模型　　　　　　　　B. 开放共享模型

C. 分级接入模型　　　　　　　　D. 数据感知模型

（2）下列（　　　）技术不属于多天线信号监测。

A. 选择合并检测　　　　　　　　B. 等增益合并检测

C. 最大比合并检测　　　　　　　D. 循环平稳检测

（3）动态频谱接入技术的实施分为 4 个主要阶段：（　　　）、频谱分析、频谱接入和频谱切换。

A. 频谱感知　　　　　　　　　　B. 频谱预测

C. 频谱猜想　　　　　　　　　　D. 频谱识别

（4）为实现对频谱资源的灵活分配和高效利用，下列做法正确的是（　　　）。

A. 主要用户和次要用户以自由且互不干扰地接入空闲频段进行通信

B. 在保护已授权主要用户不受干扰的前提下，允许未授权次要用户自适应地接入空闲频段进行通信

C. 只允许对授权的用户开放频段通信，对没有授权的用户禁止使用频段

D. 在对授权的用户规划频段后，未授权的用户在其空闲的时候也可以错峰使用该频段

3. 判断题

（1）匹配滤波器探测的主要优点在于匹配滤波器在长时间内就能够获得高处理增益。
（　　　）

（2）静态循环特征探测具备很强的抑制噪声的能力，相较于能量探测器能够更好地分辨出噪声信号。（　　　）

（3）频谱感知技术的性能指标为检测概率和遗落概率。（　　　）

4. 简答题

（1）什么是协作感知？

（2）频谱监测中的单点监测包含哪些技术？请简要回答。

第 5 章　频谱评估

1. 了解频谱评估的基本概念；
2. 了解频谱评估与现有频谱管理要素的关系；
3. 了解国际上关于频谱评估的相关工作，以及我国开展频谱评估的可行性和必要性。

5.1　频谱评估的含义

5.1.1　频谱评估的概念

无线电频谱评估，是由国家授权或接受委托的专职机构和人员，依照国家无线电相关法规和技术标准，客观公正、实事求是地对用频单位频率使用情况的真实性、合法性、效益（效率）性进行独立审查和监督，以提高频谱资源的使用效益，保障国民经济和社会健康发展，促进与国防建设的协调发展。

从实施主体进行分类，可将频谱评估分为国家评估、内部评估和社会评估，并由相应机构开展评估工作，如表 5-1 所示。

表 5-1　从实施主体对频谱评估进行分类

实施主体	经济审计	频谱评估
国家无线电管理机构	国家层面实施	国家评估
用频单位	组织内部实施	内部评估
具备资质的社会单位	注册会计师实施	社会评估

表 5-1 中，国家评估由于具有法定性、强制性、权威性等特点，应由国家无线电管理机构组织实施，作为频谱管理的重要组成部分；内部评估由用频单位内部组织实施，确保组织用频目标得到实现；社会评估主要由未来具备频谱评估资质的相关社会单位实施，提供有偿服务。

根据以上评估主体的定位与侧重不难看出，国家评估在整个频谱评估中应发挥主导作用，承担相关政策法规、技术标准制定等工作，并从国家层面实施。国家频谱评估应负责对内部频谱评估与社会频谱评估的监督，使三类评估相互协调配合，共同建立全方位的国家频谱资源评估体系。

5.1.2 频谱评估与现有频谱管理要素关系分析

为了更好地理解频谱评估，本章以我国频谱管理的基本流程与要素为例，对现有频谱管理要素与频谱评估的异同之处进行分析比较。

以我国为例，现有频谱管理的流程与要素大体如图 5-1 所示。在"事前"管理方面，大体包括频率划分、频率规划、频率分配、频率指配、设备管理（型号核准等）等内容；在"事中、事后"管理方面，大体包括设备管理（在用设备检测）、台站管理（如台站核查）、监督检查、频率监测、频率核查等内容。

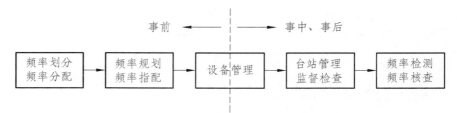

图 5-1 现有频谱资源管理流程与要素示意图

由于大多数审计活动都属于事后审计，这里重点对此进行分析。在频谱的"事中，事后"管理方面，现有工作如设备管理（在用设备检测）、频率监测、频率核查、台站管理（台站核查）等，均可以纳入频谱评估的范畴。然而，这些工作主要是针对用频单位频率使用的真实性、合法性的审查与监督，在频谱效益（效率）性评价方面还没有明确对应的工作内容，相关工作还有一定的发展空间。

5.2 国内外频谱评估现状

5.2.1 国外频谱评估现状

1. 国际电信联盟

国际电信联盟（ITU）在《无线电规则》前言（Preamble）中提到频谱管理的原则时指出："必须公平、合理、有效、经济地使用频谱资源；所有电台不得对其他合法电台产生有害干扰……"由此可见，频谱使用的真实性、合法性、效益（效率）性，是频谱管理原则的重要组成部分。

为确保这些原则的实现，ITU 在《国家频谱手册》中给出了主管部门开展频谱管理工作的最佳导则，其规定的多个频谱管理要素与频谱评估的要求相契合。如在手册第八章频谱使用效率测量中，明确提到了频谱效率的定义、计算方法以及相应的频谱占用与禁用指数测量方法等内容。

2. 国家和区域组织

在国家和区域组织层面，英国是较早明确提出频谱审计（audit）的国家。其于 2004 年成立了一个独立的频谱审计工作组，重点对 15 GHz 以下公众服务、航空、水上等用频行业开展了审计，并向政府提出了包括频谱市场化管理在内的数十条建议。但需指出的是，英国频谱审计的涵盖范围非常广，例如，其把学校周边公众移动通信 2G 和 3G 频段电磁辐射测试等工作也称为审计。事实上，包括中国在内的其他多个国家也均有开展相关工作，但并未称作审计。

相较于英国，其他明确使用审计称谓的国家并不多见，部分国家使用频率核查（inventory）来表征相关工作。2010 年，美国电信和信息管理局（NTIA）和联邦通信委员会（FCC）联合启动了频率核查的立法工作，以掌握全国现有频率的分配和使用情况。同年，加拿大工业部（IC）开展了类似的频率核查工作，并发布核查报告。报告对 12 种无线电业务和应用的用频情况进行了核查，频率范围跨度从 52 MHz 到 38 GHz。

2011 年，日本总务省（MIC）提出了频谱重分配计划，并对日本部分频段的频谱分配使用现状、台站数量等信息在网上进行公开，其范围涵盖 0 ~ 100 GHz 的多个重点频段。

2012 年，欧盟颁布了《无线电频谱政策项目》，目的是改善欧盟成员国频谱使用的效率，重点挖掘 400 MHz ~ 6 GHz 频段的使用潜力。同年，瑞典邮电管理局（PTS）实施了频谱定位计划，对现有频率使用情况进行了全面核查，将瑞典 0 ~ 1 000 GHz 所有频段现有的无线电分配情况进行了汇总制表。

2014 年，澳大利亚通信和媒体管理局（ACMA）在其年度发布的未来五年频谱展望报告中，提到了对一些重点业务与应用的频谱复查工作计划。

2016 年，美国推进"频谱核查"工作，由美国联邦通信委员会（FCC）和国家电信与信息管理局（NTIA）负责对所管理的无线电频谱每两年进行一次核查。

2023 年，美国发布《国家频谱战略》，将无线电频谱视为最重要的国家资源之一，通过制定 4 项战略方向和 12 项具体战略目标，实现现代化的频谱政策和高效利用极为重要的频谱资源。

以上分析可以看出，多个国家和地区均已不同程度地开展了相关工作，这些工作大都属于国家评估的范畴，以"事中、事后"评估为主。下面主要从促进频谱效率提高的角度，论述我国开展完善频谱效率评估的相关考虑。

5.2.2　国内频谱评估现状

当前我国无线电频谱管理面临的主要问题一是频谱资源供求失衡；二是管理模式单一，且静态独式分配较多；三是"事中、事后"监管有待加强，闭环管理机制尚未形成。

通过频谱评估，有助于无线电管理机构摸清现有无线电业务的实际用频情况，进而更加科学地评估用频需求，实现频谱资源的精准供给。应该说，开展频谱效率评估是推动频谱资源领域的供给侧结构性改革、缓解频谱资源结构性供需矛盾的一项基础性工作。

1. 我国开展频谱评估的基础

1）外部环境

党的十八大以来，"加强事中事后监管，坚持放管并重"，成为改革创新管理方式的重要途径。国务院印发的《促进大数据发展行动纲要》提出，"加快大数据部署，深化大数据应用，已成为稳增长、促改革、调结构、惠民生和推动政府治理能力现代化的内在需要和必然选择"。目前，工信部的大数据发展指导意见也在研究制定当中。我国是无线电数据大国，频谱资源"事中、事后"管理所依靠的频谱监测网互联、监测大数据分析等内容，与国家宏观指导思想和战略紧密耦合。

2）政策基础

2016 年 9 月 1 日，国务院常务会议原则通过了《中华人民共和国无线电管理条例（修订草案）》（简称《条例》）。《条例》将为频率使用率检查评估、频率回收等工作提供依据。此外，《国家无线电管理规划（2016—2020 年）》明确指出，完善频谱资源管理机制，建立科学合理的频谱使用评估和频率回收机制，形成频谱资源的闭环管理体系。在整个"十三五"期间，形成可推广、能复制的频谱使用评估工作制度，制定完善技术规范和实施细则，对 6 GHz 以下主要无线电频率实施全面评估。

2017 年，工业和信息化部制定《无线电频率使用率要求及核查管理暂行规定》，促进了无线电频谱资源的有效利用，加强了对无线电频率使用的事中、事后监管。2021 年，工业和信息化部重点开展《无线电频谱资源法》立法评估工作，全面评估《中华人民共和国无线电管理条例》《无线电频率使用管理办法》等法规的实施情况。2022 年，工业和信息化部制定了《公众移动通信系统无线电频率使用率评价办法（试行）》（简称《办法》），并在部分省份开展使用率评价试点工作，以此规范公众移动通信系统无线电频率使用率的监督检查，加强事中、事后监管。

3）前期工作

2012 年与 2013 年，我国无线电主管部门相继开展了全国无线电台站核查与台站规范化专项活动，以准确掌握无线电台站分布和使用情况，建立完整、准确的高质量无线电台站数据库；2015 年，主管部门又进一步推动开展了全国无线电频率使用情况核查专项活动，以全面理清我国无线电频率规划、分配文件，掌握现有频率规划、分配和指配情况；2016 年，主管部门开展了全国无线电频谱使用评估专项活动，以公众移动通信、通信卫星与卫星通信网的使用评估作为试点，对频谱效率的评估工作进行了探索。2017 年，为确保频谱使用评估工作的顺利进行，国家无线电办公室下发通知，要求各省（自治区、直辖市）无线电管理机构结合打击黑广播等非法设台行为，对广播电视频率实施评估，全面了解广电有关频段的实际使用情况；2018 年，我国无线电管理机构出台了新的工作要点，强调按照"三管理、三服务、一突出"的总体要求，坚持频率资源开发利用效率与效益并重，为建设"两个强国"提供频率资源保障；2019 年，主管部门在全国组织开展无线电监测能力专项行动，建立无线电监测能力评估体系，在各地开展自评和抽查工作，促进监测能力的提升。

4）技术储备

通过支撑以上重点工作，以及在日常频谱监测、电磁环境评估、重点频段占用度测量、频率可用性评估、频段兼容性分析等常规工作的多年积累，我国相关无线电技术管理机构已具备开展频谱评估相关工作的技术实力。当前，国家无线电监测中心/国家无线电频谱管理中心（以下简称监测中心）已建设完成较为完备的全国台站数据库、频率数据库，并具备相应的监测能力及分析手段。

2. 开展频谱评估的时代意义

（1）频谱评估是频谱资源作为国有资源的必然要求，是抵制国有频谱资源分配不当、闲置或浪费的重要手段。

（2）频谱评估是推动无线电管理供给侧结构性改革、缓解频谱供需矛盾的核心举措，评估有助于拓宽行业间用频评估评价维度，完善国家频率管理决策支撑体系，提高精细化管理水平。

（3）频谱评估是频谱技术更新换代的内在驱动。我国各用频行业技术更新换代发展情况并不均衡，效率评估有助于改善用频效率"短板"。

（4）频谱评估是维护我国国际频谱权益与地位的重要手段。全世界多个发达国家已开展相关工作。我国作为无线电应用大国，相应的频谱管理手段也应与时俱进，走在世界前列。

3. 实施动态频谱共享管理模式面临的挑战及应对措施

1）无线电业务分级体系有待逐步完善

对无线电业务进行适当分级，是实施动态频谱共享的前提基础。目前，在国际电联《无线电规则》层面，只将航空无线电导航、应急示位标等系统涉及的业务定义为安全业务，规定不能将其划分为次要业务。这种分级方法过于简单，当两类或多类无线电业务都不涉及安全应用时，业务分级不明确。

结合国外经验，进行频率评估后，在准备实施动态频谱共享的频段，可以将各类业务对应的用户定义为主接入用户、次接入用户和一般用户。主接入用户具有频段使用的最高优先级，需要在数据库登记其部署情况，保障其不受来自其他用户的有害干扰，在实际使用时具有频段的独占权，但在频段空闲时，应允许其他用户使用；次接入用户优先级次之，在特定区域拥有频谱短期优先使用权，可使用高功率传输，并享有一定的服务质量保证，免受其他次接入用户的干扰，次接入用户也须在数据库内登记，可以采取拍卖、二次交易等方式对次接入用户进行授权；一般用户优先级最低，不得对前两类用户产生干扰，它采用频谱感知或数据库登记等方式，在没有主接入用户和次接入用户使用的特定时间和区域内，才可接入频谱。当冲突发生时，一般用户有义务腾出频谱使用权，其设备应具备多频段操作能力和动态频谱选择功能；当某一频段不可用时，设备可以在不同频段间切换，以保证其正常工作。一般授权用户可免费使用频段，但只允许低功率发射。

建议无线电管理部门组织相关研究机构，逐步梳理现有 43 种无线电业务在各频段对应系统的使用特征和应用范围，以推动业务分级管理的实施。

2）频谱资源市场化分配机制有待完善

2002 年，我国首次采用评选招标的方式分配频谱资源，进行了市场化方式配置频谱的有益探索，积累了一定经验。但 20 多年来，始终采用行政审批方式授权频谱使用，授权业务独占频率的思想在各用频行业与部门内根深蒂固。

市场化管理模式涉及频谱牌照的初次发放和频谱使用权的转移等。无线电管理部门除通过先到先得、选美式评审等行政管理模式外，主要还应通过招标、拍卖等市场化方式，为特定地点的特定频谱资源分配运营牌照；而频谱牌照的持有者在执照有效期内也可以通过二次交易分割和交易频谱使用权，二手市场的价格由供需双方决定，从而使频谱价值达到最高。只有充分引入这些市场化的手段，动态频谱共享中的各级用户才有共享频谱资源的动力，才会在经济效益、社会效益等各方面谋求最大化。

所以，无线电管理部门应继续积极稳妥地推进市场化方式配置频谱资源的研究和试点工作，将行政分配和市场配置结合起来，将不断深化市场在资源配置中起决定性作用和更好地发挥政府作用结合起来，切实增强频谱资源集约高效使用的能力，切实提高我国无线电频谱的管理水平。

本章小结

（1）国家评估由于具有法定性、强制性、权威性等特点，应由国家无线电管理机构组织实施。

（2）内部评估由用频单位内部组织实施，确保组织用频目标得到实现。

（3）社会评估主要由未来具备频谱评估资质的相关社会单位实施，提供有偿服务。

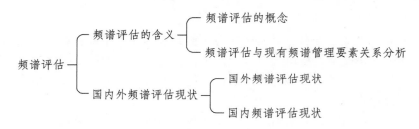

思考与练习

1. 填空题

（1）从实施主体进行分类，可将频谱评估分为（　　　）、（　　　）和（　　　）。

（2）频谱使用的（　　　）、（　　　）、（　　　），是频谱管理原则的重要组成部分。

（3）国际电信联盟（ITU）在《无线电规则》前言（Preamble）中提到频谱管理的原则时指出：必须（　　　）、（　　　）、（　　　）、（　　　）、使用频谱资源。

（4）社会评估主要由未来具备频谱评估资质的相关社会单位实施，提供（　　　）服务。

2. 选择题

（1）依照国家无线电相关法规和技术标准，客观公正、实事求是地对用频单位频率使用情况的真实性、（　　　）、效益（效率）性进行独立审查和监督。

　　　A. 合法性　　　　B. 有效性　　　　C. 服从性　　　　D. 灵活性

（2）我国是无线电数据大国，频谱资源"事中、事后"管理所依靠的（　　　）、监测大数据分析等内容，与国家宏观指导思想和战略紧密耦合。

　　　A. 频谱数据网监测　　　　　　　B. 频谱监测网互联

　　　C. 频谱智能调控平台　　　　　　D. 频谱实时预警平台

（3）频谱评估是频谱技术更新换代的内在驱动。我国各用频行业技术更新换代发展情况（　　），效率评估有助于（　　）用频效率"（　　）"。

    A. 并不均衡　改善　短板　　　　B. 良好　促进　猛涨

    C. 优异　稳住　上升趋　　　　　D. 滞缓　扭转　平缓

（4）在整个"十三五"期间，形成可推广、能复制的频谱使用评估工作制度，制定完善技术规范和实施细则，对（　　）以下主要无线电频率实施全面评估。

    A. 4 GHz　　　　　　　　　　　B. 6 GHz

    C. 8 GHz　　　　　　　　　　　D. 12 GHz

3. 判断题

（1）完善频谱资源管理机制，建立科学合理的频谱使用评估和频率回收机制，形成频谱资源的闭环管理体系。（　　）

（2）我国作为无线电应用大国，但相应的频谱管理手段没有达到世界前列，还应大力发展。（　　）

（3）频谱效率评估是推动无线电管理供给侧结构性改革、缓解频谱供需矛盾的核心举措。（　　）

4. 简答题

（1）请描述无线电频谱资源评估的概念。

（2）现有频谱管理的流程与要素大体在"事前"管理方面有哪些内容？

附件　频谱管理典型案例

案例 1：某网络电视有限公司擅自使用无线电频率，擅自设置、使用无线电台（站）。

【违法事实】2022 年 10 月 8 日，某工业和信息化厅无线电中心接到某广播电视台投诉，称其无线电数字电视信号频段受到不明信号干扰。经调查，干扰系某网络电视有限公司非法使用无线电频率，擅自设置、使用地面数字电视台所致，该公司未按规定取得无线电频率使用许可和无线电台执照，对依法开展的其他无线电业务造成有害干扰，事实清楚，证据确凿。该行为违反了《中华人民共和国无线电管理条例》第 6 条、第 14 条、第 27 条规定。

【处罚决定】某工业和信息化厅无线电中心依据《中华人民共和国无线电管理条例》第 70 条规定，对该公司做出"没收从事违法活动的设备，并处 40 000 元罚款"的行政处罚。

案例 2：某业余爱好者不按照无线电台执照规定的许可事项和条件设置、使用无线电台。

【违法事实】2022 年 8 月 13 日，某派出所接群众举报，有人疑似从事非法活动，民警现场调查发现，廖某某正设置使用无线电台进行通联，遂立即通报该市无线电管理局。经该市无线电管理局执法人员调查取证，廖某某系合法的业余无线电爱好者，但进行通联活动时存在未按无线电台执照规定的许可事项和条件设置、使用无线电台（站）的行为。该行为违反了《中华人民共和国无线电管理条例》第 38 条规定。

【处罚决定】某经济和信息化厅依据《中华人民共和国无线电管理条例》第 72 条规定，对廖某某做出"处 5 000 元罚款"的行政处罚。

台站管理篇

第 6 章　台（站）管理概述

1. 理解无线电台（站）管理的重要性；
2. 了解无线电台（站）管理的基本内容；
3. 了解无线电台（站）管理的目的；
4. 了解各类无线电台（站）技术资料表；
5. 熟悉各类无线电台（站）技术资料表的使用；
6. 熟悉设台单位的管理内容。

6.1　台站管理的重要性

无线电台（站）管理是无线电管理的重要内容之一。无线电台（站）管理，是指无线电台（站）在遵循国家行政主管部门制定的相关规范、规定、机制等要求时，其设置、使用、研制、生产、进口、销售和维修等全系列活动的集合，通常包括许可与核准管理、备案与登记管理、检查与监测管理等内容。无线电台（站）是开展无线电业务的硬件设施，只有实施和加强无线电台（站）的管理，才能维护正常的无线电波秩序，保证各种无线电业务的正常开展，而加强对无线电台（站）的管理工作，在整个无线电管理科学化的进程中较为重要。因此，深刻认识无线电台（站）管理的重要内涵和作用，不断加强对无线电台（站）的规范化、精细化管理，是科学实施无线电管理的必然要求。

6.2　无线电台（站）管理的内容

1. 无线电台（站）现状

无线电台（站）的管理与监督是确保各类无线电业务安全有序进行的重要环节。当前，随着无线电技术和业务的加速普及与广泛应用，无线电台（站）的数量急剧增加，我国地面无线电台（站）数量众多，各类地面无线电台（站）已超过 635 万个，各省（自治区、直辖市）级无线电管理机构所管理的无线电台（站）大多在 10 万台以上，台（站）数量最大的省份全省台（站）数量已经接近 30 万台，规模空前。因此，对无线电台（站）管理提出了更高要求，只有依法规范无线电台（站）的设置和使用，才能避免或减少无线电干扰，为各种无线电业务的正常运行创造良好的环境；否则，正常的空中电波秩序将难以维护，无线电业务将难以得到有效保障。因此，对无线电台（站）进行有效管理，是无线电管理机构的一项重要工作。

2. 无线电台（站）管理的基本内容

无线电台（站）管理的基本内容重点包含三个方面：一是要严格贯彻落实《地面无线电台（站）管理规定》，严格设台审批程序，包括用户设台申请、受理、行政和技术审查、电磁环境测试、频率协调、指配频率和呼号、设备检测、台（站）验收、核发执照等；二是加强对已设台单位的管理，增强监督检查工作力度，防止随意变更台（站）参数，确保其在核定的范围内工作；三是加强无线电频率台（站）数据库建设，确保其翔实完整，为无线电台（站）管理提供支持和保障。

在无线电台（站）的管理内容中，无线电台（站）的设置是否合法并符合有关规定要求，是一个至关重要的因素，也是无线电台（站）管理的基础。

无线电发射设备的检测工作是各级无线电管理机构日常工作中很重要的一个方面。对无线电发射设备的研制、生产、进口、销售等环节进行严格控制，对维护正常的空中电波秩序，从源头上减少干扰源的产生是至关重要的。在设台前对无线电发射设备进行检测以及日常的年检是台（站）管理的基础性工作。对各类无线电发射设备的工作频段、信号特征、杂散发射、占用带宽以及其他一些重要参数的充分掌握可以提高监测及查处干扰的效率和质量，这是从事无线电管理的技术人员必备的基本素质。

总之，无线电台（站）管理是保障无线电通信秩序和安全的基础，也是维护社会公共利益的重要手段之一。无线电台（站）管理在有效的规章制度的指导下，才能使无线电通信更好地为社会服务，为人们提供更多的便利和福祉。

3. 无线电台（站）的管理模式

根据各类台站的业务特性，我国无线电管理机构采取审批、备案、注册登记、核准设备等多种不同的管理模式。

（1）卫星、广播、雷达等大功率发射台站，需要根据具体业务、通信系统的管理规定，办理设台审批手续，核发电台执照，进行日常的监督检查。

（2）5.8 GHz 无线局域网基站、ETC 等功率较小、设台单位明确的台站，以及船舶、机车、航空器上的制式无线电台，采取备案管理的模式。

（3）卫星移动通信系统终端地球站采取运营商备案、用户终端注册登记的管理模式。

（4）公众移动通信的手机以及蓝牙、家用无线路由器、RFID 等微功率（短距离）无线电台站采取开放式管理的原则，只需对发射设备进行型号核准，不办理设台手续。

（5）单收台站，如不需要保护，则不需办理设台手续。

6.3　无线电台（站）管理的目的

无线电台（站）管理不仅是无线电管理的三项核心任务之一，而且是频谱资源管理、秩序管理的集中体现。频谱资源的科学有效管理，是通过对无线电频谱资源进行科学、合理的规划和分配，提高频谱资源的利用效率，满足各个行业、领域对无线电频率日益增长的使用需求，为促进经济社会发展和国家安全提供有力的频谱资源支撑和保障。各类无线电业务的应用都需要通过各种类型的无线电台（站）来完成，而各类无线电台（站）是频谱资源的载体，频谱资源科学管理的目的就是要满足各类无线电台（站）的设置、使用需求，频谱资源巨大的经济效益和社会价值只有通过各类无线电台（站）才能够得到充分体现。没有无线电台（站），频谱资源就不会产生巨大的经济效益和社会价值。因此，对无线电台（站）的管理对无线电业务的开展至关重要。

无线电台（站）管理机构对正常秩序的维护是通过对各类合法设置使用的无线电台（站）提供充分保护，保证其正常运转；制止查处违法、违规设置的台（站）以及对无线电频率的非法使用。为了营造良好的电磁环境，维护空中电波秩序的目标，无线电台（站）管理机构需要完成多种实际工作，包括规范无线电台（站）的设置、使用和管理，加强对各行业、各部门在用无线电台（站）的监督检查，对重点业务台（站）进行无线电监测保护，及时发现、查处非法设台，消除有害电磁干扰等，其工作对象全部围绕着各类无线电台（站），其最终目的同样是为各类无线电台（站）正常运行提供服务。

通过规范、高效的无线电台（站）管理，能够极大规范无线电波秩序，减少有害干扰，对各类无线电业务正常运行起到事半功倍的作用；低效、滞后的台（站）管理将会大大增加电磁干扰的发生概率，无法保障合法台（站）的正常运行，影响正常的无线电波秩序，甚至对经济发展、社会稳定造成严重的后果。由此可见，在无线电管理的三项核心任务当中，台（站）管理占有非常重要的位置，既是无线电管理当中十分重要的基础性工作，也是实施科学无线电管理工作的重要环节。

6.4　无线电台（站）的分类

无线电台（站）是按照无线电业务范围及使用频率，设置一台或多台无线电发射设备、无线电接收设备或含有无线电发射设备与无线电接收设备的组合设备，长期或临时在固定地点或指定区域内工作的统称。

自 1895 年意大利马可尼和俄国波波夫发明无线电以来，无线电台（站）的应用已有 100 多年的历史。100 多年来，无线电事业蓬勃发展，无线电台（站）的应用越来越广泛，已渗透到电信、广电、民航、交通、气象、铁路、航天、医疗、军事、国防等各个领域。随着无线电台（站）数量的不断增多，电磁环境不断恶化，无线电干扰事件时有发生。因此，深刻认识无线电台（站）的基本内涵，加强对无线电台（站）的管理工作，在整个无线电管理科学化的进程中愈显重要。到目前为止，国际电信联盟的《无线电规则：条款》（Radio Regulations：

Articles）定义了 49 种承载不同业务、应用于不同行业、门类繁多的无线电台（站）。由于视角的不同，大家对无线电台（站）的基本内涵和种类划分有不同的理解和认识。无线电台（站）可根据使用频段或业务范围进行分类。

1. 按使用方式分类

按照使用方式的不同，无线电台（站）可分为手持式、车（船、机）载式、固定式、转发式。

2. 按通信方式分类

按照通信方式的不同，无线电台（站）可分为单工、半双工和全双工模式。

3. 按实现功能分类

按照实现功能的不同，无线电台（站）可分为通信类、雷达类、导航类、射电天文类。

4. 按工作方式分类

按照工作方式的不同，无线电台（站）可分为单发、单收、收发一体。

5. 按使用频段分类

按照使用频段的不同，无线电台（站）可分为长波电台、中波电台、短波电台（也称高频电台）、超短波电台、微波电台等。

6. 按业务范围分类

按照业务范围的不同，无线电台（站）可分为十大类，即固定业务电台、陆地移动业务电台、航空业务电台、水上业务电台、广播业务电台、气象业务电台、空间业务电台、业余无线电台、标准频率和时间信号电台、射电天文电台。设置在地球表面或地球大气层主要部分以内的物体上的电台，统称为地面电台。地面电台又可分为以下 8 类。

（1）固定业务电台，包括固定电台、雷达台（站）、定位电台、测向电台。

（2）陆地移动业务电台，包括基地电台、移动电台、定位陆地电台、定位移动电台、信标电台、紧急指位信标电台、营救器电台。

（3）航空业务电台，包括航空电台、航空器电台、无线电高度计电台、航空导航陆地电台、航空导航移动电台、标志信标电台、仪表着陆系统电台、仪表着陆系统定位器电台、仪表着陆系统下滑航迹电台等。

（4）水上业务电台，包括海岸电台、船舶电台、船上通信电台、港口电台、海上导航陆地电台、船舶定位电台、雷达信标电台、船舶应急发信机。

（5）广播业务电台，包括声音广播发射台、电视广播发射台、广播差转台。

（6）业余电台。

（7）标准频率和时间信号电台。

（8）气象业务电台，包括空间电台、地球站、测控地球站、基地地球站、陆地移动地球站、海岸地球站、船舶地球站、航空地球站、航空器地球站、卫星紧急指位信标电台。

无线电台站的名称和代号以及所属业务范围关系如表 6-1 所示。

表 6-1　无线电台（站）类别表

代号	台（站）名称	业务范围
BC	广播电台（声音）	用于广播业务（声音）的电台
BT	广播电台（电视）	用于广播业务（电视）的电台
BW	差转台	广播业务中将接收到的广播节目信号变换成另一个射频信号发射的广播电台，包括 TV 差转机和 FM 差转机等
CS	中心站	在点对多点微波通信系统中位于市话局或农话局所在地，并与市话交换机或农话交换机的用户线二线端连接的微波站
FB	基站	用于陆地移动业务的陆地电台
FC	海（江）岸电台	用于水上移动业务的陆地电台
FH	30 MHz 以下的固定电台	工作在 30 MHz 以下开展固定业务的电台
FP	港口电台	用于港口操作业务的海岸电台
FV	30～1 000 MHz 的固定电台	工作在 30～1 000 MHz 开展固定业务的电台
LB	便携台	一种由机内电源供电、备有机上天线、便于个人随身携带（手提或肩背）的陆地移动电台
LC	车载台	一种能长期安装在车上并直接由车上的电源供电和使用车上天线的陆地移动电台
LS	手持台	一种体积小、质量轻、便于手持或袋装的陆地移动电台
MB	分路（分支）站	当分出或加入部分话路或者在进行电路转接时基带信号不需经过调制和解调，而用分路机直接分出某一超群并解调出话路或相反的微波接力站
ME	终端站	将载波机送来的基带信号或电视台送来的视频与伴音信号调制到微波频率上并发射出去，同时从收到的微波信号解调出基带信号送往载波机或者解调出视频与伴音信号送往电视台的微波站
MH	枢纽站	一种在分出或加入话路（或电视）或者在进行电路转接时基带信号需要经过超群调制和解调的微波接力站
MR	无线电定位移动电台	属于无线电定位业务在移动时或在非指定地点停留时使用的电台
PB	无线寻呼系统基站	在单区制无线寻呼系统中是指由解调器、发射机和天线组成的基站；在多区制无线寻呼系统中是指中心基站
RD	雷达	以基准信号与被测物体反射或转发的无线电信号进行比较的无线电测定系统
RS	中继站（中继台、中间站）	将上一站发来的无线电信号加以处理后转发至下一站的无线电台（站）
TC	卫星固定业务地球站	用于卫星固定业务的地球站
TM	卫星气象业务地球站	用于卫星气象业务的地球站
JQ	集群网基站	
LJ	集群网移动台	
WS	公众无绳系统基站	
MD	有线电视传输微波站	

ITU 基于无线电业务逐一定义了各类无线电台（站）。同时，《无线电规则：条款》中也指出：每个电台应按其临时或长期运营的业务进行分类。因此，作为无线电业务的承载者，无线电台（站）与无线电业务之间存在一一对应的关系。无线电业务分为无线电通信业务和射电天文业务，无线电通信业务又分为地面无线电通信业务和空间无线电通信业务。地面电台位于大气层以内，包括陆地、水上、大气层中，承载地面无线电通信业务；空间电台位于地球大气层主要部分以外，承载空间无线电通信业务；地球站位于大气层以内，承载空间无线电通信业务；射电天文电台位于大气层以内，承载射电天文业务。因此，我们可以将《无线电规则：条款》中明确定义的 49 种无线电台划分为地面电台、地球站、空间电台、射电天文电台四大类，并将无线电台和无线电业务一一对应。图 6-1 所示综合描述了无线电台和无线电业务的对应关系，全面展现了无线电管理的核心要素。

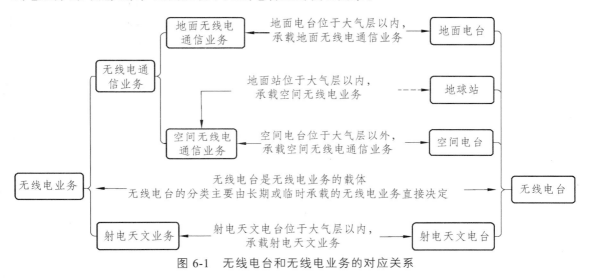

图 6-1　无线电台和无线电业务的对应关系

清晰认识到无线电业务和无线电台的内在逻辑，理解同一类无线电台（站）的内部映射关系，可以帮助从事无线电管理的工作人员加深对无线电台的理解和认识，从而使无线电管理工作更加严谨和规范。

6.5　无线电台（站）技术资料表

6.5.1　无线电台（站）技术资料表的分类

为了做好无线电台（站）的管理工作，国家无线电管理委员会办公室于 1992 年设计完成了第一版无线电台（站）技术资料表，后经过国家相关部门多次修订，2012 年最终形成了 19 种无线电台（站）技术资料表，用于不同台站的申请和申报。其中，申请表 4 种，主要用于申请设置各类无线电台（站）或变更已设台（站）站址、频率、功率等核定项目；申报表 14 种，主要供设台用户申报新设台站的基本技术数据或变更已设台站数据时使用，同时也供无线电管理机构对用户申请设置的无线电台（站）的技术数据进行审查核定时使用；备案表 1 种，主要供国家批准的在境内经营卫星移动通信业务的服务提供者（以下简称"境内经营者"）按规定报备某种类型或型号的移动地球站设备的技术资料时使用。具体分类如下：

1. 申请表

国无管表 1《无线电频率使用申请表》；
国无管表 2《无线电台（站）设置申请表》；
国无管表 17《业余无线电台设置申请表》；
国无管表 18《移动地球站注册登记申请表》。

2. 申报表

国无管表 3《30 MHz 以下无线电台（站）技术资料申报表》；
国无管表 4《陆地移动电台技术资料申报表》；
国无管表 5《地面固定业务台（站）技术资料申报表》；
国无管表 6《固定地球站技术资料申报表》；
国无管表 7《广播电台技术资料申报表》；
国无管表 8《船舶电台技术资料申报表》；
国无管表 9《航空器电台技术资料申报表》；
国无管表 10《雷达站技术资料申报表》；
国无管表 11《蜂窝无线电通信基站技术资料申报表》；
国无管表 12《直放站技术资料申报表》；
国无管表 13《无线电台（站）技术资料申报表》；
国无管表 15《静止轨道空间电台技术资料申报表》；
国无管表 16《非静止轨道空间电台（星座）技术资料申报表》；
国无管表 19《业余无线电台技术资料申报表》。

3. 备案表

国无管表 14《移动地球站技术资料备案表》。

6.5.2　无线电台（站）技术资料表的使用

1. 申请表的使用

（1）《无线电频率使用申请表》（国无管表 1），主要是用户在设置使用无线电台（站）前申请无线电频率[卫星通信网（系统）、各种无线通信网络]使用许可时填写。

（2）《无线电台（站）设置申请表》（国无管表 2），主要供申请设置各类无线电台（站）或变更已设台（站）站址、频率、功率等核定项目时使用。申请表主要用于提供频率指配、台站管理工作所需要的基本内容。

（3）《业余无线电台设置（变更）申请表》（国无管表 17），主要供业余无线电爱好者申请设置业余无线电台（站）或变更已设台（站）站址、频率、功率等核定项目时使用。

（4）《移动地球站注册登记申请表》（国无管表 18），主要供申请设置使用移动地球站或变更已设台（站）核定项目时使用。

2. 申报表的使用

（1）《30 MHz 以下无线电台（站）技术资料申报表》（国无管表 3），主要用于新设除广播电台、船舶电台（包括营救器发信机、船舶应急发信机等）、航空器电台（包括营救器发信机等）之外的各类 30 MHz 以下的无线电台（站），或者撤销、修改已设台站的数据。

（2）《陆地移动电台技术资料中报表》（国无管表 4），主要用于新设陆地移动电台，或者撤销、修改已设台的数据。

（3）《地面固定业务台（站）技术资料申报表》（国无管表 5），主要用于新设工作频率在 30 MHz 以上（通信对象是固定的点对点、点对多点的地面固定业务）无线电台（站），或者撤销、修改已设台的数据。

（4）《地球站技术资料申报表》（国无管表 6），主要用于新设除卫星移动业务终端地球站之外的各类地球站，或者撤销、修改已设台的数据。

（5）《广播电台技术资料申报表》（国无管表 7），主要用于新设各类广播电台，或者撤销、修改已设台的数据。

（6）《船舶电台技术资料申报表》（国无管表 8），主要用于各类船舶上所设置的全部制式无线电设备（包括船舶电台、营救器发信机、卫星水上移动业务移动地球站、无线电导航设备等）或者修改已设台站的数据。非制式电台不填写此表。

（7）《航空器电台技术资料申报表》（国无管表 9），主要用于各类航空器上所设置的全部制式无线电设备（包括航空器电台、营救器发信机、卫星航空移动业务移动地球站、无线电导航设备等）或者修改已设台站的数据。非制式电台不填写此表。

（8）《雷达站技术资料申报表》（国无管表 10），主要用于新设 30 MHz 以上除制式无线电台以外的所有雷达站。

（9）《蜂窝无线电通信基站技术资料申报表》（国无管表 11），主要用于新设以蜂窝方式组网的无线电通信系统基站，包括集群通信系统、公众移动通信系统（GSM、CDMA、TD-SCDMA）和无线接入（移动）系统（如 SCDMA）等，或者修改已设台站的数据。

（10）《直放站技术资料申报表》（国无管表 12），主要用于新设各类室外无线通信直放站，或者修改已设台站的数据。

（11）《无线电台（站）技术资料申报表》（国无管表 13），主要用于新设除 30 MHz 以下无线电台（站）、陆地移动电台、地面固定业务台（站）、地球站、广播电台、船舶电台、航空器电台、雷达站、蜂窝无线电通信基站、直放站、移动地球站和空间电台之外的各类无线电台（站），此外航空电台、海岸电台、港口电台、非蜂窝组网的陆地移动业务基站（含寻呼基站）和射电天文业务电台等也应使用此表。

（12）《静止轨道空间电台技术资料申报表》（国无管表 15），主要用于新设静止轨道空间电台，或者修改已设台站的数据。

（13）《非静止轨道空间电台（星座）技术资料申报表》（国无管表 16），主要用于新设非静止轨道空间电台（星座），或者修改已设台站的数据。

（14）《业余无线电台技术资料申报表》（国无管表 19），主要用于新设除卫星业余业务空间业余无线电台外的所有业余无线电台，或者变更已设台的数据。

3. 备案表的使用

《移动地球站技术资料备案表》（国无管表 14），境内经营者报备某种类型或型号的移动地球站设备的技术资料时填写此表。只有在国家无线电管理机构备案的移动地球站设备才能在国内合法设置使用。

6.6　设台单位的管理

无线电台（站）管理是无线电管理工作当中最为重要的基础工作，也是各级无线电管理机构日常工作的重要内容，台（站）管理工作涉及无线电管理工作的各个主要环节和多个层次，具有工作量大、专业性要求高的特点。

1. 管理内容

无线电台（站）日常管理的主要任务是保障已建合法电台的正常运行，督促、检查用户遵守无线电法规的情况。核发、换发"中华人民共和国无线电台执照"，收取无线电频率占用费等工作，保持本地区良好的电磁环境。具体内容如下：

（1）监督检查用户是否遵守国家的无线电法规和各项有关规定，执行有关方针政策。

（2）监督检查已设无线电台（站）、网络是否按照核定的频率、功率、地址、设备等开展工作；监督、检查用户制定的有关规章、制度是否符合《中华人民共和国无线电管理条例》及有关规定，监督检查已设无线电台（站）的使用情况；组织、检查新设无线电台（站）的技术指标是否与申报、审批的数据相符的验收工作。

（3）核发各类新设无线电台（站）执照及涉外无线电台执照，审核、换发各类已设台（站）的到期电台执照；查出非法、违章无线电台（站）；协调、解决合法电台用户之间的频率干扰纠纷等问题；严格按照国家有关收费标准，在规定的时间内督促、检查、收缴用户当年的频率占用费；及时发现、了解、解答、反映电台用户的问题及建议；贯彻执行国家的有关规定，负责无线电台（站）的年检、管理技术人员评比和考核工作。

2. 管理手段

无线电台（站）管理依赖于法律、行政、经济和技术四种管理手段；通过四种管理手段的相互配合，综合利用，才能使无线电台（站）管理取得成效。在这四种手段当中，法律手段是基本保证，经济手段是有效调节，而技术手段则是台（站）管理最为重要、最为有效的部分。技术手段的主体就是台（站）数据、台（站）数据库及其相应的应用软件系统。

本章小结

本章节作为台站管理篇的第一章，是无线电台（站）管理内容的概述，主要包含以下内容：

（1）简述无线电台（站）管理的重要性，认识无线电台（站）管理的重要内涵和作用，不断加强对无线电台（站）的规范化、精细化管理。

（2）无线电台（站）管理的内容主要包括目前无线电台（站）建设的整体状况，无线电台（站）管理的三个重点内容，以及我国无线电管理机构采取审批、备案、注册登记、核准设备等多种不同的管理模式。

（3）无线电台（站）根据使用频段或业务范围进行分类，可按使用方式、通信方式、实现功能、工作方式、使用频段、业务范围 6 种方式分类。其中，地面电台又可分为固定业务电台、陆地移动业务电台、航空业务电台、水上业务电台、广播业务电台、业余电台、标准频率和时间信号电台、气象业务电台 8 类电台。

（4）无线电台（站）技术资料表总共 19 种。其中，申请表 4 种，申报表 14 种，备案表 1 种；同时介绍了 19 种无线电台（站）技术资料表的使用内容。

（5）无线电台（站）日常管理内容主要包括三个方面：一是监督、检查用户是否遵守国家的无线电法规和各项有关规定，执行有关方针政策。二是组织、检查新设无线电台（站）的技术指标是否与申报、审批的数据相符的验收工作；核发各类新设无线电台（站）执照和涉外无线电台执照以及审核、换发各类已设台（站）的到期电台执照。三是查处非法、违章无线电台（站）。

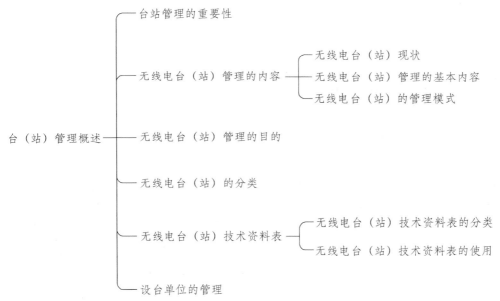

思考与练习

1. 无线电台（站）管理的重点内容包含哪几个方面？

2. 无线电台（站）管理包含哪几个管理模式？

3. 无线电台（站）技术资料表共有几种？分为几类？

4. 无线电管理的技术人员应该具备哪些基本素质？

5. 无线电台（站）有几种分类方式？地面无线电台（站）具体包含哪些电台（站）？

6. 如何理解无线电台（站）与无线电业务之间的对应关系？

7. 无线电台（站）日常管理主要包括哪些内容？

8. 无线电台（站）的管理依赖哪四种手段？

第 7 章　无线电台（站）管理法规依据

学习目标

1. 了解无线电通信管理的法规体系；
2. 了解设置、使用无线电台（站）的审批依据；
3. 了解《地面无线电台（站）管理规定》的主要内容。

7.1　无线电通信管理的法规依据

国内无线电通信管理的法规体系应包含以下四个层面。

1. 国家相关法律

对于无线电通信的法律，主要是相应法律中包含的无线电通信方面的法律条文，如《宪法》第四十条关于保障公民通信自由的权利的约定（这里的通信权利包括无线电通信），《刑法》第二百八十八条关于"扰乱无线电管理秩序罪"及有关对电信信息安全、通信设施保护等的规定，《民法典》第二百五十二条明确规定"无线电频谱资源属于国家所有"；另外我国的《治安管理处罚法》《军事设施保护法》《气象法》都包含无线电管理的条款。

2. 国家行政法规

《中华人民共和国无线电管理条例》（简称《条例》）是我国订立比较早的行政法规，是我国无线电管理依法行政的里程碑，标志着我国无线电管理工作走上了有法可依、依法行政的新历程，开创了现代无线电管理法治化、科学化、规范化的新局面。《条例》明确了无线电台（站）设置、使用许可等相关制度，适用于包括地面无线电台（站）在内的各类电台。地面无线电台（站）的管理主要依照《条例》《无线电台执照管理规定》以及相关政策进行管理，但是相关规定缺乏覆盖台（站）审批、执照管理等制度的全链条管理规定，各省级无线电管理机构制定的管理文件也存在监管尺度不统一的问题。为了加强地面无线电台（站）管理，维护空中电波秩序，保证无线电业务的正常进行，保障电磁空间安全，根据《中华人民共和国无线电管理条例》和相关法律、行政法规，2022 年 12 月 30 日，工业和信息化部公布了《地面无线电台（站）管理规定》（工业和信息化部令第 60 号，以下简称《规定》）。此《规定》

是贯彻落实《中华人民共和国无线电管理条例》的需要，是对《条例》确定的无线电台（站）管理制度的进一步细化，并落实到地面无线电台（站）管理工作中。《规定》主要对明确适用对象和管理职责、细化申请材料和审批程序、明确审批管理具体要求、规范日常使用活动以及明确监督检查制度和法律责任五个方面做了具体要求。

3．国家部门规章制度

国家部门规章是由国务院下属的国家各行政主管部门发布实施的有关信息通信方面的管理规定。国家部门规章成为我国信息通信法规体系中的主要内容，针对性强、可操作性强，且管理到位、全面，保障有力，从而促进行业发展。我国相关无线电通信管理方面的部门规章主要由工业和信息化部（包括原来的信息产业部）颁布实施，通常是以部令形式发布的，如《无线电台执照管理规定》（工信部令第 6 号）、《建立卫星通信网和设置使用地球站管理规定》（工信部令第 7 号）、《卫星移动通信系统终端地球站管理办法》（工信部令第 19 号）、《业余无线电台管理办法》（工信部令第 67 号）、《中华人民共和国无线电频率划分规定》（工信部令第 26 号）、《边境地区地面无线电业务频率国际协调规定》（工信部令第 38 号）、《无线电频率使用许可管理办法》（工信部令第 40 号）等。

4．地方性法规和规章

地方性法规和规章主要是由各省、自治区和直辖市人大制定和发布实施的有关无线电通信管理方面的法规性文件，如各省的无线电管理条例等。这些地方性法规仅适用于本地范围，通常是遵循上述层面法规并结合本地的实际制定的。

此外，各个国家的无线电活动都应遵从国际无线电规则，我国是国际电信联盟（ITU）的成员国，ITU 在无线电管理方面的规则必须遵守。国际电信联盟制定了《无线电规则》的行政管理法规制度，规范各会员国在无线电的使用和管理方面的行为，明确其权利和义务，维护资源的有效、合理、安全利用，维持无线电通信业务的正常秩序，以促进无线电行业健康发展。

7.2 设置、使用无线电台（站）的审批依据

中华人民共和国境内设置、使用无线电台（站）要遵守国家以及部门的规定，主要依据以下管理规定。

1．《中华人民共和国无线电管理条例》

《中华人民共和国无线电管理条例》（国务院、中央军委令〔1993〕第 128 号，2016 年 11 月 11 日国务院、中央军委令第 672 号修订）共九章，第四章无线电台（站）管理中第二十七条至三十八条明确规定了设置、使用无线电台（站）的要求，主要规定了如下内容：

（1）设置、使用无线电台（站）应当符合的条件。有可用的无线电频率；所使用的无线电发射设备依法取得无线电发射设备型号核准证且符合国家规定的产品质量要求；有熟悉无

线电管理规定、具备相关业务技能的人员；有明确具体的用途，且技术方案可行；有能够保证无线电台（站）正常使用的电磁环境，拟设置的无线电台（站）对依法使用的其他无线电台（站）不会产生有害干扰。申请设置、使用空间无线电台，除应当符合前款规定的条件外，还应当有可利用的卫星无线电频率和卫星轨道资源。

（2）设置、使用无线电台（站）时的无线电台执照申请以及执照的要求。无线电台执照应当载明无线电台（站）的台址、使用频率、发射功率、有效期、使用要求等事项。

（3）无线电台执照的样式由国家无线电管理机构统一规定。

（4）设置、使用有固定台址的无线电台（站）的要求，以及建设固定台址的无线电台（站）的选址要求。建设固定台址的无线电台（站）的选址，应当符合城乡规划的要求，避开影响其功能发挥的建筑物、设施等。设置大型无线电台（站）、地面公众移动通信基站，其台址布局规划应当符合资源共享和电磁环境保护的要求。

（5）无线电台（站）使用的无线电频率需要取得无线电频率使用许可的，其无线电台执照有效期不得超过无线电频率使用许可证规定的期限。不需要取得无线电频率使用许可的，其无线电台执照有效期不得超过 5 年。

（6）申请设置、使用业余无线电台应当具备的资质。如应当熟悉无线电管理规定，具有相应的操作技术能力，所使用的无线电发射设备应当符合国家标准和国家无线电管理的有关规定。

（7）无线电管理机构对申请设置、使用无线电台（站）的审批材料和审批时长的规定。

2.《工业和信息化部行政许可实施办法》

《工业和信息化部行政许可实施办法》（中华人民共和国工业和信息化部令第 2 号，简称《办法》）是为了规范工业和信息化部行政许可的实施，推进法治政府建设，保护公民、法人和其他组织的合法权益，根据《中华人民共和国行政许可法》等法律、行政法规的有关规定而制定的，是工业和信息化部实施行政许可的重要法律依据和行为准则。该《办法》主要内容如下：

（1）该《办法》旨在明确工业和信息化部行政许可的设定、实施和监督等全过程的规范，以推动法治政府的建设，并确保行政许可的公正、公开、公平和便民，确保所有行政许可行为都有法可依、过程透明、结果公正。

（2）关于行政许可的设定与分类。根据该《办法》，工业和信息化部根据法定职责设定行政许可事项，并制定行政许可事项清单。行政许可事项清单应当明确事项名称、审批机关、审批程序、审批条件、审批时限等内容，并向社会公布，这有助于明确行政许可的范围和边界，提高行政许可的透明度和可预测性。

（3）行政许可的实施程序。该《办法》详细规定了工业和信息化部实施行政许可的程序，包括申请、受理、审查、决定和送达等环节。它强调了行政许可申请的受理条件和审查要求，以及做出行政许可决定的时限和方式。这些规定有助于确保行政许可的实施过程规范、有序、高效。

（4）监督检查与法律责任。该《办法》明确了对工业和信息化部行政许可行为的监督检查机制和法律责任追究制度。上级工业和信息化主管部门可以通过听取汇报、查阅文件资料、现场检查等方式对下级工业和信息化主管部门的行政许可实施工作进行监督检查。同时，任何组织和个人都有权对行政许可的违法行为进行举报，有关部门应当依法及时核实处理。这些规定有助于保障行政许可的合法性和有效性，防止权力滥用和腐败现象的发生。

3.《业余无线电台管理办法》

《业余无线电台管理办法》（2024 年 1 月 18 日中华人民共和国工业和信息化部令第 67 号）（简称《办法》）是《业余无线电台管理办法》（中华人民共和国工业和信息化部令第 22 号）的修订。新修订的《办法》主要对电台和呼号管理、操作技术能力验证、设置使用要求等制度进行了修订。《办法》包括总则、许可管理、操作技术能力验证、设置使用要求、电波秩序维护、法律责任以及附则，共七章五十八条，主要内容如下：

（1）第一章总则，明确了业余无线电台的界定以及主要用途，即业余无线电台只能用于相互通信、技术研究和自我训练，并在业余业务频率范围内收发信号，不得用于谋取商业利益。为突发事件应急处置的需要，业余无线电台可以与非业余无线电台通信，但通信内容应当限于与突发事件应急处置直接相关的紧急事务。

（2）第二章许可管理，明确了业余无线电台的审批管理制度，规定了设台审批条件和程序，以及提交的材料内容，包括个人设置、使用业余无线电台和单位设置、使用业余无线电台；同时规定了业余无线电台执照的核发细则及执照要载明的内容，明确了业余无线电台呼号管理制度，主要规定了呼号编制、分配和指配、呼号使用规则和禁止的呼号使用行为等内容。

（3）第三章操作技术能力验证，明确了业余无线电台操作技术能力的分类为 A 类、B 类和 C 类，以及三类业余无线电台操作技术人员的具体要求。国家无线电管理机构可以组织实施 A 类、B 类和 C 类业余无线电台操作技术能力验证。省、自治区、直辖市无线电管理机构可以组织实施 A 类、B 类业余无线电台操作技术能力验证，成绩合格者，由无线电管理机构颁发业余无线电台操作技术能力验证证书。规定具有 A 类、B 类和 C 类业余无线电台操作技术能力证书人员可申请设置、使用工作的具体频段和发射功率的业余无线电台。

（4）第四章设置、使用要求，明确了业余无线电台的设置、使用要求，业余无线电台使用的无线电频率为次要业务划分的，不得对使用主要业务频率划分的合法无线电台（站）产生有害干扰，不得对来自使用主要业务频率划分的合法无线电台（站）的有害干扰提出保护要求；同时规定了单位或者个人在使用业余无线电台过程中应当遵守的法律法规，包括频率使用、通信对象及内容、操作规则、日志留存、接受监督等内容。

（5）第五章电波秩序维护，无线电管理机构应当定期对在用的业余无线电台进行检查和检测。依法设置、使用的业余无线电台受到有害干扰的，可以向业余无线电台使用地或者做出许可决定的无线电管理机构投诉，无线电管理机构可以要求产生有害干扰的业余无线电台采取有效措施消除有害干扰。对于非法的无线电发射活动，无线电管理机构可以暂扣无线电发射设备或者查封业余无线电台，必要时可以采取技术性阻断措施；发现涉嫌违法犯罪活动的，无线电管理机构应当及时通报公安机关并配合调查处理。

（6）第六章法律责任，规定了业余无线电台使用的违法内容，处罚办法可由无线电管理机构依照《中华人民共和国无线电管理条例》的规定处理。隐瞒有关情况、提供虚假材料或者虚假承诺申请业余无线电台设置、使用许可，或者以欺骗、贿赂等不正当手段取得业余无线电台执照的，由无线电管理机构依照《中华人民共和国行政许可法》第七十八条、第七十九条等规定处理。

4.《无线电台执照管理规定》

《无线电台执照管理规定》（中华人民共和国工业和信息化部令第 6 号）是为了加强无线电台（站）管理，保护合法无线电台（站）正常工作和合法使用频率资源，根据《中华人民共和国无线电管理条例》制定的。《无线电台执照管理规定》共第十五条，主要内容如下：

（1）无线电台执照的核发：规定了无线电台执照的核发条件和程序，包括申请人资格、申请材料、审查流程等。

（2）无线电台执照的使用：明确了无线电台执照的使用范围和限制，包括使用频率、发射功率、台站地址等。

（3）无线电台执照的变更和注销：规定了无线电台执照变更和注销的条件及程序，包括变更台站参数、停用或撤销无线电台等。

（4）监督管理和法律责任：明确了无线电管理机构和相关部门对无线电台执照的监督管理职责，以及违反规定的法律责任。

5.《地面无线电台（站）管理规定》

《地面无线电台（站）管理规定》（简称《规定》）于 2022 年 12 月 30 日由工业和信息化部令第 60 号公布，自 2023 年 2 月 1 日起施行。本《规定》所称地面无线电业务，是指除空间无线电业务、射电天文以外的无线电业务，主要包括固定业务、移动业务、广播业务、无线电测定业务、气象辅助业务、标准频率和时间信号业务、业余业务、安全业务、特别业务等。《无线电台执照管理规定》共第十五条，本《规定》关于设置、使用无线电台（站）的申请依据内容如下：

（1）国家无线电管理机构负责全国地面无线电台（站）设置、使用的监督管理，省、自治区、直辖市无线电管理机构依照本规定负责本行政区域内地面无线电台（站）设置、使用的监督管理。

（2）设置、使用除地面公众移动通信终端、单收无线电台（站）以及国家无线电管理机构规定的微功率短距离无线电发射设备以外的地面无线电台（站），应当申请取得无线电台执照。

（3）明确了申请无线电台执照的途径；设置、使用有固定台址的地面无线电台（站）的，向无线电台（站）所在地的省、自治区、直辖市无线电管理机构提出申请；设置、使用没有固定台址的地面无线电台（站）的，向申请人住所地的省、自治区、直辖市无线电管理机构提出申请；设置、使用 15 W 以上短波地面无线电台（站）以及涉及国家主权、安全的重要地面无线电台（站）的，向国家无线电管理机构提出申请。

（4）明确了申请取得无线电台执照，应当提交的申请材料。

（5）明确了设置、使用无线电台（站）的许可机关、许可期限等内容。

（6）明确了地面移动通信基站、无固定台址的地面无线电台（站）等四类特定类型的无线电台（站）不需要提交电磁环境测试报告。

（7）明确了审批管理具体要求。一是规定了无线电台执照应当载明的内容、有效期、延续、变更、撤销、吊销的程序要求。二是规定了临时设置、使用地面无线电台（站）应当事后向省级无线电管理机构报告。三是规定了外国领导人访华、国际组织以及其他境外组织和个人设置、使用地面无线电台（站）的审批途径。

本章小结

（1）国内无线电通信管理的法规体系应包含国家相关法律、国家行政法规、国家部门规章制度和地方性法规四个层面，此外，还应遵从国际无线电规则。《无线电规则》规范各会员国在无线电的使用和管理方面的行为，明确其权利和义务，维护资源的有效、合理、安全利用，维持无线电通信业务的正常秩序。

（2）设置、使用无线电台（站）的审批依据主要来源于 5 个法律法规，即《中华人民共和国无线电管理条例》《工业和信息化部行政许可实施办法》《业余无线电台管理办法》《无线电台执照管理规定》和《地面无线电台（站）管理规定》。

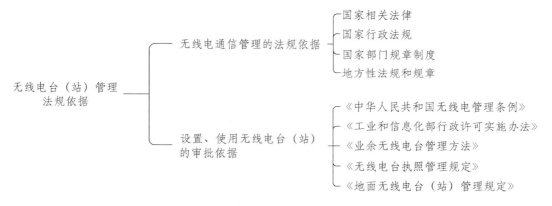

思考与练习

1. 无线电通信管理的法规体系应包含哪四个层面？

2. 设置、使用无线电台（站）的审批依据主要包含哪几个法律法规？

3. 不需要提交电磁环境测试报告的无线电台（站）有哪几类？

第 8 章　无线电台（站）审批

学习目标

1. 了解无线电台（站）审批权限的内容；
2. 了解无线电发射设备型号核准流程；
3. 了解无线电台（站）设置、使用许可流程；
4. 熟悉无线电台执照的核发和管理内容；
5. 熟悉无线电发射设备型号核准代码的标准格式。

8.1　台（站）审批权限

（1）按照行政审批制度改革精神和台站属地化管理原则，设置、使用固定无线电台（站），由台（站）所在地的省、自治区、直辖市无线电管理机构实施许可。设置、使用没有固定台址的无线电台，由申请人所在地的省、自治区、直辖市无线电管理机构实施许可。

（2）设置、使用空间无线电台、卫星测控（导航）站、卫星关口站、卫星国际专线地球站、15 W 以上的短波无线电台（站）以及涉及国家主权、安全的其他重要无线电台（站），由国家无线电管理机构实施许可。

（3）船舶、机车、航空器上的制式无线电台（站），必须按照有关规定领取电台执照并报国家或者地方无线电管理机构备案。

（4）实行免执照管理的无线电台（站）如下：

① 地面蜂窝移动通信系统终端。

② 没有对有害干扰提出保护要求的单收无线电台（站）。

③ 微功率（短距离）无线电台（站）。

④ 国家无线电管理机构规定的其他无线电台（站）：350 MHz 集群发射功率小于等于 31.6 W（45 dBm）的车载台和功率小于等于 5 W（37 dBm）的手持台，2.4 GHz 频段无线局域网接入点，5.8 GHz 频段无线局域网接入点和电子不停车收费系统等。

（5）拟设电台需要获得国际干扰保护的，应在提出设台申请前，提请国家无线电管理机构进行国际协调。

（6）遇有危及国家安全、公共安全、生命财产安全的紧急情况或者为了保障重大社会活动的特殊需要，可以不经批准临时设置、使用无线电台（站），但是应当及时向无线电台（站）所在地无线电管理机构报告，并在紧急情况消除或者重大社会活动结束后及时关闭。

8.2　无线电发射设备型号核准

8.2.1　无线电发射设备型号核准流程

根据《中华人民共和国无线电管理条例》，设置、使用无线电台（站）必须有可用的无线电频率，且取得无线电频率使用许可；无线电台（站）使用的无线电发射设备，须依法取得无线电发射设备型号核准证且符合国家规定的产品质量要求及相关技术指标要求。无线电频率使用许可的申请和审批请详见频谱管理篇 3.2.3 频率许可。无线电发射型号核准基本流程如图 8-1 所示。

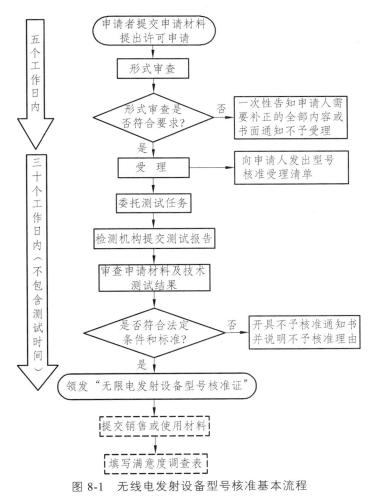

图 8-1　无线电发射设备型号核准基本流程

无线电发射设备型号核准流程如下。

1. 受理程序

申请材料齐全、符合法定形式，或者申请人按照要求提交全部补正材料的，应当予以受理，发放《无线电发射设备型号核准审批事项受理告知书（受理单）》。

申请材料不齐全或者不符合法定形式的，应当场或 5 个工作日内一次性告知申请人需要补正的材料；不予受理的，应当出具加盖本行政机关专用印章和注明日期的书面凭证。

2. 审查与检测程序

申请受理后，工业和信息化部应当委托承担测试工作的检测机构（以下简称承检机构），对无线电发射设备是否符合国家无线电管理有关规定和技术标准进行测试，并将测试所需时间告知申请人。承检机构由国家无线电管理机构通过政府购买服务方式确定。测试所需时间如表 8-1 所示。

表 8-1 设备类型测试时间

序号	设备类型	测试时间/天
1	移动通信基站	8
2	移动通信基站（含 NB-IoT）	9
3	移动通信直放站	10
4	2G 终端、3G 终端（可支持 2G）	4
5	4G 终端（可支持 2G 或 3G）	6
6	2G 终端+无线局域网/蓝牙	4
7	3G 终端（可支持 2G）+无线局域网/蓝牙	5
8	4G 终端（可支持 2G 或 3G 其一）+无线局域网/蓝牙	7
9	2G、3G、4G 全制式终端+无线局域网/蓝牙	8
10	2.4 GHz 频段无线局域网/蓝牙设备	6
11	2.4 GHz/5.1 GHz/5.8 GHz 频段无线局域网设备	7（无 DFS 设备）、8（含 DFS 从设备）、10（含 DFS 主设备）
12	4 GHz/5.1 GHz/5.8 GHz 频段无线局域网/蓝牙设备	7（无 DFS 设备）、8（含 DFS 从设备）、10（含 DFS 主设备）
13	800/900 MHz 频段射频识别（RFID）设备	4
14	NB-IoT 终端	5
15	对讲机及业余电台	5
16	集群设备	5
17	行业专用无线电发射设备	5
18	无线接入及微波设备	6
19	广播电视设备	4
20	雷达、导航、卫星通信、无人驾驶航空器设备	4

工业和信息化部根据招投标结果，结合申请人自主选择意愿，委托相关测试任务。申请人收到确定承检机构的有关信息后，应尽快将符合规定的样品通过寄递等方式送交承检机构，因样品体积过大等原因不便寄递的，申请人应与检测机构协商进行现场测试事宜。承检机构应在规定时间内完成委托测试任务，并提交测试结果，检测结果以《无线电发射设备型号核准检测报告》形式体现。检测时间包括样品的寄递、运输、调试和实际测试时间。

3. 审查决定程序

自受理申请之日起，工业和信息化部根据资料审查、测试结果，以及必要时的现场勘验和专家评审情况，在 30 个工作日内做出核准或者不予核准的决定。予以核准的，由受理中心向申请人发放型号核准证书；不予核准的，发放不予核准通知书并说明理由。实施该许可所需专家评审或技术检测时间不计算在 30 个工作日内。

4. 测试经费支付程序

申请人取得"无线电发射设备型号核准证"后，应履行申请时做出的承诺，在承诺日期前完成无线电发射设备在中国境内的销售、使用，并及时提交销售使用材料。销售及使用证明材料列表参见表 8-2[销售材料填写模板及合同模板可登录工业和信息化部网站"首页>工业和信息化部>机关司局>无线电管理局（国家无线电办公室）>办事指南>许可事项中"查询]，由工业和信息化部按照《无线电发射设备型号核准测试及监督检查资金使用管理办法（暂行）》定期与承检机构结算相关测试费用。

表 8-2　销售及使用证明材料列表

序号	销售渠道或使用方式	证明材料
1	自有电商渠道	提供官网宣传证明与后台销售数据的自声明材料
2	运营商采购渠道	提供销售合同等证明材料
3	电商销售渠道	提供框架协议与企业针对具体型号的自声明材料
4	分销商、代理或门店销售渠道	提供销售合同或发票
5	设备使用的证明材料	提供设备的频率使用许可或台站许可材料
6	其他	除上述材料外，可证明设备销售、使用的材料

5. 变更与延续程序

被许可人要求变更核准证核准事项的，应当向受理中心提出变更申请；符合法定条件、标准的，无线电管理局应当依法办理变更手续。变更核定技术参数以外其他核准证载明信息的，无须重新进行测试。

被许可人需要延续依法取得的核准证有效期的，应当在有效期届满 30 日前向工业和信息化部提出申请。

提出延续申请时，申请材料与初次申请一致的，提交一致性承诺书，无须提交其他材料；部分材料不一致的，仅提交发生变化的部分材料。

工业和信息化部应当根据被许可人的申请，在有效期届满前做出是否准予延续的决定；逾期未做决定的，视为准予延续。有效期届满未准予延续的，工业和信息化部应当依法注销核准证，并向社会公示。

6. 简化核准程序的情况

申请人因市场销售策略等原因，需对已获得型号核准证的设备申请不同型号的，可在申请时提交新申请型号产品与原产品完全相同（生产和质量保证体系、技术指标、外观等相同）的承诺书，并提交有实验室或第三方实验室的检测报告，无线电管理局在对其受理审查时，可免去委托测试环节。

8.2.2　无线电发射设备型号核准管理

自 1999 年 6 月 1 日起，凡在中国境内（不含港澳台地区）生产（以外销为目的除外）的无线电发射设备，各生产厂商须持有国家无线电管理机构核发的"无线电发射设备型号核准证"，设备标牌上须标明无线电发射设备型号核准代码（具体格式如图 8-2 所示），确因设备过小而无法在上面标明其代码的，则应在其产品的说明书或使用手册中登载该设备的型号核准代码。

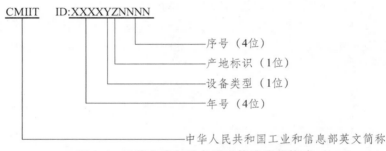

图 8-2　无线电发射设备型号核准代码格式

未经国家无线电管理机构型号核准和未标明其型号核准代码的无线电发射设备，不得在中国境内（不含港澳台地区）生产（以外销为目的除外）、销售、使用和刊登广告。未经国家无线电管理机构型号核准或未标明型号核准代码的无线电发射设备，各无线电管理部门不予办理进口审批手续，不予为其指配无线电频率和核发无线电台执照。

无线电发射设备型号核准代码格式中的设备类型：

A. 固定通信设备；

C. 公众网移动通信设备；

D. 短距离（低功率）发射设备；

F. 专用移动通信设备；

G. 广播发射设备；

H. 航空通信、导航设备；

L. 雷达设备；

S. 水上通信、导航设备；

W. 卫星通信设备；

Z. 其他。

产地标识：

P. 国产；

J. 进口。

8.2.3　申请材料和测试样品要求

1. 申请材料

（1）《无线电发射设备型号核准申请表》；

（2）《无线电发射设备型号核准承诺书》；

（3）申请人营业执照或事业单位法人证书复印件（加盖申请人签章），境外申请人提供合法的组织机构证明材料（加盖申请人签章）。

2. 申请材料要求

（1）具体经办人应提交经申请人签章的经办人委托书和经办人有效身份证明，申请表中经办人与委托的经办人应保持一致。

（2）无线电发射设备生产相关的生产能力、技术力量和质量管理体系等材料。取得质量管理体系证书的境内申请人在申请表中填写证书编号即可；其他情况及尚未取得质量管理体系证书的，提交加盖申请人法人公章的技术能力、生产能力和质量保证体系情况的详细介绍。

（3）生产能力证明中应至少包括主要的生产设备型号、台套数或生产线条数、生产计划、相应的检测设备（设施）等。

（4）申请人委托代工厂生产的，提供申请人与代工厂之间的委托合同以及被委托方的技术能力、生产能力和质量保证体系情况等材料。

（5）申请人自愿提交国家规定的强制性认证证书、推荐认证证书或自愿性认证证书，经审核，能证明其具备相应的技术能力、生产能力和质量体系的，可简化本条要求的申请材料。

（6）设备使用说明书、技术手册以及与无线收发功能相关的电路图、电路方框图或原理图、关键射频元器件清单。说明书中应列明型号核准代码的显示方式。

（7）采用电子形式显示型号核准代码的，应当提供显示查看型号核准代码的说明和电子标牌样式，并符合《工业和信息化部关于无线电发射设备型号核准代码电子化显示事宜的通知》（工信部〔2015〕211 号）的有关规定。

（8）设备的彩色照片一套，包括外观、内部电路板及标牌照片，标牌信息应当包括生产厂商、产品型号、型号核准代码标识的样式等，照片应当标注比例尺。

（9）符合无线电发射设备型号核准设备类型及样品要求。

8.3　无线电台（站）设置、使用许可

8.3.1　无线电台（站）设置、使用许可流程

需要设置、使用无线电台（站）的用户可向有关部门提交设台申请，申请的实施主体为

工业和信息化部，省、自治区、直辖市无线电管理机构，受理单位为工业和信息化部，省、自治区、直辖市无线电管理机构。无线电台（站）设置、使用许可事项流程如图 8-3 所示。

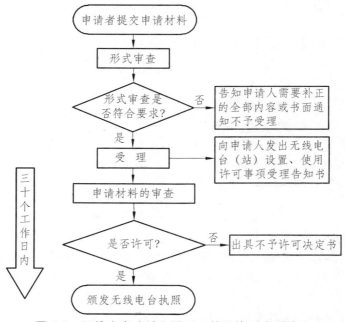

图 8-3 无线电台（站）设置、使用许可事项流程

无线电台（站）设置、使用许可流程如下。

1. 受理程序

无线电管理机构收到申请材料后，根据下列情况分别进行处理：

（1）对申请无线电台（站）设置、使用许可的材料进行审查。申请材料齐全、符合法定形式的，应当予以受理，并向申请人出具受理告知书。

（2）申请材料不齐全或者不符合法定形式的，应当当场或者在 5 个工作日内一次性告知申请人需要补正的全部内容；逾期不告知的，自收到申请材料之日起即为受理。

2. 审查决定程序

（1）无线电管理机构应当自受理申请之日起 30 个工作日内审查完毕，做出许可或者不予许可的决定。30 个工作日内不能做出决定的，经无线电管理机构负责人批准可以延长 10 个工作日，并应当将延长期限的理由告知申请人。予以许可的，颁发无线电台执照，需要使用无线电台识别码的，同时核发无线电台识别码。不予许可的，应当出具不予许可决定书，向申请人说明理由，并告知申请人享有依法申请行政复议或者提起行政诉讼的权利。

（2）无线电管理机构对无线电台（站）设置、使用许可申请进行审查时，可以组织专家评审、依法举行听证。专家评审和听证所需时间不计算在上一条规定的许可期限内，但无线电管理机构应当将所需时间书面告知申请人。实施无线电台（站）设置、使用许可需要完成有关国内、国际协调或者履行国际规则规定程序的，进行协调以及履行程序的时间不计算在上一条规定的许可期限内。

3. 变更与延续程序

（1）无线电台执照有效期届满后需要继续使用无线电台（站）的，应当在期限届满 30 个工作日前向做出许可决定的无线电管理机构申请更换无线电台执照。受理申请的无线电管理机构应当做出决定。

（2）无线电台（站）应当按照无线电台执照规定的许可事项和条件设置、使用；变更许可事项的，应当向做出许可决定的无线电管理机构办理变更手续。

（3）无线电台（站）终止使用的，应当及时向做出许可决定的无线电管理机构办理注销手续，交回无线电台执照，拆除无线电台（站）及天线等附属设备。

8.3.2　申请材料

1. 申请材料要求

（1）申请函并附有关申请表格。

（2）相关无线电台（站）技术资料申报表。

（3）申请人基本情况，包括开展相关无线电业务的专业技术人员、技能、台址、设施和管理措施等。

（4）无线电台（站）的具体用途、工作条件、电磁环境是否符合相关要求。必要时，提交电磁环境测试报告。

（5）无线电发射设备型号核准证。

（6）技术可行性研究报告。

无线电台（站）拟用于开展的有关无线电业务，依法需要取得有关部门批准的，还应当提供有关部门的批准文件。符合《中华人民共和国无线电管理条例》第 53 条、第 61 ~ 63 条所规定情形的台站，还应提交相应的材料。

2. 申请材料目录

表 8-3 为无线电台（站）设置、使用许可申请材料目录。

表 8-3　无线电台（站）设置、使用许可申请材料目录

序号	材料名称	材料形式	数量要求	材料来源
1	无线电台（站）的设置、使用申请书	原件	1 份	申请人自备
2	申请人身份证明材料（个人申请：提供身份证；单位申请：提供统一社会信用代码证）	原件及复印件（收取复印件，核对原件）	1 份	由公安部门或工商部门核发
3	申请人基本情况，包括开展相关无线电业务的专业技术人员、技能和管理措施等	原件	1 份	申请人自备
4	拟开展的无线电业务的情况说明，包括功能、用途、通信范围（距离）、服务对象和预测规模以及建设计划等	原件	1 份	申请人自备

序号	材料名称	材料形式	数量要求	材料来源
5	技术可行性研究报告，包括拟采用的通信技术体制和标准、系统配置情况、拟使用系统（设备）的频率特性、频率选用（组网）方案和使用率、主要使用区域的电波传播环境、干扰保护和控制措施，以及运行维护措施等	原件	1份	申请人自备
6	无线电台（站）技术资料申报表	原件	1份	申请人自备
7	无线电电磁环境测试报告	原件	1份	申请人自行测试或委托相关机构进行测试
8	无线电发射设备型号核准证	复印件	1份	设备生产厂家提供

8.3.3 无线电台（站）执照管理

2009 年，工业和信息化部颁布《无线电台执照管理规定》（2009 年 6 号令），规定无线电台执照是合法设置、使用无线电台（站）的法定凭证。使用各类无线电台（站），包括在机车、船舶和航空器上设置、使用制式电台，应当持有无线电台执照，中华人民共和国工业和信息化部规定实行免执照管理的无线电台（站）的除外。

1. 无线电台执照的分类

无线电台执照可分为以下 4 种：

《中华人民共和国无线电台执照》（单页式）；

《中华人民共和国无线电台执照》（小本式）；

《中华人民共和国船舶电台执照》（单页式）；

《中华人民共和国航空器电台执照》（单页式）。

2. 无线电台执照的核发

无线电台执照由工业和信息化部或者省、自治区、直辖市无线电管理机构根据《中华人民共和国无线电管理条例》规定的无线电台（站）审批权限和各类无线电台（站）的管理规定核发，或者由工业和信息化部委托的国务院有关部门核发。

设置、使用无线电台（站）的单位和个人，应当向无线电管理机构提交书面申请和必要的技术资料，经审查批准并按照国家有关规定缴纳频率占用费后领取无线电台执照。无线电台执照的有效期不超过 3 年，临时无线电台（站）执照的有效期不超过半年。

3. 无线电台执照的管理

无线电台（站）使用的无线电频率需要取得无线电频率使用许可的，其无线电台执照有效期不得超过无线电频率使用许可证规定的期限；依照《中华人民共和国无线电管理条例》

第十四条规定不需要取得无线电频率使用许可的，其无线电台执照有效期不得超过 5 年。

变更无线电台执照中所核定的内容，应当向原执照核发机构提交申请，经审查批准后重新核发无线电台执照。

无线电台执照有效期届满后需要继续使用无线电台（站）的，应当在期限届满 30 个工作日前向做出许可决定的无线电管理机构申请更换无线电台执照。受理申请的无线电管理机构应当依照《中华人民共和国无线电管理条例》第三十一条的规定做出决定。无线电台执照有效期届满未延续的，原执照核发机构应当注销无线电台执照，持照者应当立即停止使用其无线电台（站）。

停用或者撤销无线电台（站）的，持照者应当自停用或者撤销之日起一个月内向原执照核发机构交回无线电台执照，并报告设备处理情况。

无线电台（站）应当按照无线电台执照规定的许可事项和条件设置、使用；变更许可事项的，应当向做出许可决定的无线电管理机构办理变更手续。

4. 无线电台执照的核验

各级无线电管理机构每年应当对无线电台执照进行核验，对持照者执行《无线电台执照管理规定》第七条、第八条、第九条、第十条和缴纳频率占用费的情况进行检查，并记录核验和缴费情况。

各级无线电管理机构对持照者实行监督检查时，应当记录监督检查的情况和处理结果，由监督检查人员签字后归档。公众有权查阅监督检查记录。

各级无线电管理机构对持照者实行监督检查，不得妨碍持照者正常的生产经营活动，不得收取任何费用。

本章小结

（1）设置、使用固定无线电台（站），由台（站）所在地的省、自治区、直辖市无线电管理机构实施许可。设置、使用没有固定台址的无线电台，由申请人所在地的省、自治区、直辖市无线电管理机构实施许可。本章还明确了 4 种形式的无线电台（站）可实行免执照管理。

（2）无线电台（站）使用的无线电发射设备，须依法取得无线电发射设备型号核准证且符合国家规定的产品质量要求及相关技术指标要求，无线电发射设备型号核准流程严格按照有关规定执行。无线电发射设备型号核准证的发射设备型号核准代码，需按照规定格式标注。

（3）设置、使用无线电台（站）的申请实施主体为工业和信息化部，省、自治区、直辖市无线电管理机构，受理单位为工业和信息化部，省、自治区、直辖市无线电管理机构。

（4）无线电台执照的样式由国家无线电管理机构统一规定。其类型可分为 4 种，无线电台执照的有效期不超过 3 年，临时无线电台（站）执照的有效期不超过半年。不需要取得无线电频率使用许可的，其无线电台执照有效期不得超过 5 年。

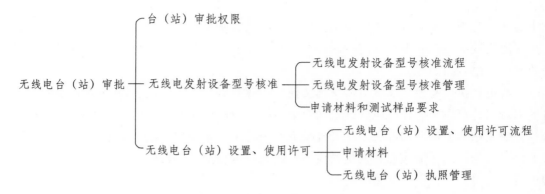

思考与练习

1. 可实行免执照管理的无线电台（站）有哪几种具体类型？

2. 简述无线电发射设备型号核准流程。

3. 简述无线电台（站）设置、使用许可流程。

4. 无线电台执照有几种类型？分别是哪几种？

5. 简述线电台（站）的变更与延续程序。

6. 无线电台执照的有效期为几年？临时无线电台（站）执照的有效期不超过几年？不需要取得无线电频率使用许可的，其无线电台执照有效期不得超过多少年？

第 9 章　台站参数检查

学习目标

1. 了解无线电发射设备的检测参数、指标要求；
2. 了解无线电设备检测的仪器仪表、场地及仪表不确定度的运算；
3. 理解无线电发射设备型号核准测试的标准依据；
4. 掌握无线电发射设备各参数的检测方法及过程。

9.1　台站参数检查概述

我国无线电管理的主要内容是：制定无线电管理法规、频率规划和频率指配、无线电台站管理与监督检查、无线电监测和无线电发射设备的管理。无线电设备管理是无线电管理的重要组成部分，无线电设备检测是无线电管理的重要技术手段之一。科学、完善、先进的检测手段能有效预防无线电设备本身产品质量不合格产生的各种有害干扰，从源头上减少无线电信号干扰，科学、有效地开发和使用频谱资源。

无线电发射设备定义为：无线电通信、导航、定位、测向、雷达、遥控、遥测、广播、电视等各种发射无线电波的设备，不包含可辐射电磁波的工业、科研、医疗设备、电气化运输系统、高压电力线及其他电气装置等。无线电发射设备向空中发射电磁波，由接收装置接收相匹配的电磁波，其传输链路中如果遇到其他同频点同制式的电磁波，都会形成一个潜在的干扰源，因此，对无线电发射设备进行监督管理是避免有害干扰的一个重要方法。从发射源头进行管理，使无线电发射设备的有关技术指标，如频率范围、频率容限、发射功率、占用带宽、邻道功率、杂散发射等符合无线电管理的技术规定、国家标准、行业标准，以实现无线电台站之间的电磁兼容，防止各种无线电台站和系统之间的相互干扰，提高无线电频谱资源的利用率，维护空中电波秩序，保护电磁环境，保障无线电用户对无线电频率的正常使用权益。因此，依据《中华人民共和国无线电管理条例》（简称《条例》），国家对研制、生产、进口和销售无线电发射设备进行监督管理。《条例》第四十四条规定：除微功率短距离无线电发射设备外，生产或者进口在国内销售、使用的其他无线电发射设备，应当向国家无线电管理机构申请型号核准。无线电发射设备型号核准目录由国家无线电管理机构公布。生产或者进口应当取得型号核准的无线电发射设备，除应当符合产品质量等法律法规、国家标准和国家无线电管理的有关规定外，还应当符合无线电发射设备型号核准证核定的技术指标，并在设备上标注型号核准代码。

9.2 无线电发射设备管理的方式及有关规定

9.2.1 无线电发射设备管理的有关规定

根据国际电信联盟的《无线电规则》和国际惯例，对于无线电发射设备，绝大部分国家实行强制性的型号核准（Type Approval）管理办法，并作为国家无线电频谱管理中的一项重要措施（可参见国际电联《国家频谱管理手册》），我国也不例外。到目前为止，我国已发布了如下无线电发射设备的管理文件：

（1）1995 年 7 月 24 日，国家无线电管理委员会、国家经济贸易委员会、对外贸易经济合作部、海关总署四部委联合发布的《进口无线电发射设备的管理规定》（国无管〔1995〕15号），规定 1996 年 6 月 30 日起进口无线电发射设备须办理"无线电发射设备型号核准证"。

（2）1997 年 10 月 7 日，国家无线电管理委员会和国家技术监督局联合发布的《生产无线电发射设备的管理规定》（国无管〔1997〕12 号），规定 1999 年 1 月 1 日起生产无线电发射设备须办理"无线电发射设备型号核准证"。

（3）1995 年 3 月，国家无线电管理委员会发布《关于研制无线电发射设备的管理规定》（国无管〔1995〕8 号），规定凡在中华人民共和国境内研制（含试制）的无线电发射设备必须办理型号核准手续。

（4）1996 年 1 月，开始实施国家无线电管理委员会办公室文件《关于印发"进口无线电发射设备管理的规定实施细则"的通知》。

（5）2016 年，国务院、中央军委发布修订后的《中华人民共和国无线电管理条例》，对无线电发射设备的管理做出了规定。

（6）2018 年 12 月，工业和信息化部印发《无线电发射设备销售备案实施办法（暂行）》。

（7）2023 年 7 月，工业和信息化部公布《无线电发射设备管理规定》。

（8）2024 年 1 月 18 日，中华人民共和国工业和信息化部第 67 号令公布《业余无线电台管理办法》。

以上文件中，对于无线电接收设备，国家目前暂未纳入型号核准的管理办法。对无线电发射设备实施型号核准制度，管住发射设备源头，使无线电发射设备符合无线电管理的有关技术规定和国家、行业标准，避免可能产生的无线电干扰，使广大用户使用经过型号核准的无线电发射设备，并为下一步办理设台审批和电台执照提供必要的技术支撑和建设依据。

9.2.2 无线电发射设备管理的方式

无线电发射设备型号核准工作是无线电管理的主要职责之一，也是无线电设备管理的主要内容，该工作负责对研制、生产、进口、销售无线电发射设备的电磁兼容认证管理，核发型号核准证。无线电发射设备型号核准工作规范并加强了无线电设备的管理，有效维护了空中电波秩序，保证各类无线电通信设施的正常工作，对研制、生产、进口、销售的无线电发射设备均实施了严格管理。

无线电发射设备的型号核准与产品质量认证有一定的区别。产品质量认证的依据是《中华人民共和国产品质量认证管理条例》。产品质量认证又分为安全认证和合格认证。实行安全认证的产品，必须符合《中华人民共和国标准化法》中有关强制性标准的要求；实行合格认证的产品，必须符合《中华人民共和国标准化法》规定的国家标准或行业标准的要求。无线电发射设备的型号核准不但要满足产品质量认证的要求，而且还要符合《中华人民共和国无线电管理条例》对无线电发射设备的管理规定和无线电管理的技术规定。

9.2.3　无线电发射设备型号核准检测依据和技术标准

（1）国家无线电管理的相关文件；
（2）国家标准；
（3）行业标准；
（4）国际标准和区域标准（ITUR、ETSI、FCC 等）。

9.3　无线电发射设备检测常用测试仪表、天线与场地

无线电发射设备的检测工作离不开测试仪表、天线与场地的支撑，选择适当、可靠的仪表、天线，在符合标准要求的场地环境中完成测试，才能确保结果的准确性与可靠性。

9.3.1　功率计

在微波测量技术中，微波功率测量是一项基本的微波测量技术。微波功率表征了高频和微波信号源的发射特性。在高频和微波功率计量的工作中，主要任务是建立高频和微波功率标准，进行功率量值传递。功率量值传递方法包括交替比较法、传递标准法和六端口法等。功率计的主要指标有：功率量程、频率范围、功率计的电压驻波比、效率 η_e、校准因子 K_d，以及测量不确定度等。功率计的种类较多，按照用途区分，有小功率计、中功率计、大功率计和脉冲功率计；按照传输形式区分，有波导功率计和同轴功率计；按照工作原理区分，有热敏电阻功率计、热电耦式功率计和晶体二极管功率计。在选择功率计时，需关注其工作的频率范围。

1. 功率的单位及换算

在国际单位制（SI）中，功率单位为瓦特（W），也可用焦耳每秒（J/s）表示，见表 9-1。

表 9-1 功率的单位名称、符号以及换算关系表

单位名称	符号	换算关系
兆瓦	MW	10^6 W
千瓦	kW	10^3 W
毫瓦	mW	10^{-3} W
微瓦	μW	10^{-6} W
纳瓦	nW	10^{-9} W
皮瓦	pW	10^{-12} W

分贝毫瓦（dBm）是常用的相对功率单位，其表达式为

$$P_{dBm} = 10 \lg \frac{P}{P_0}$$

式中，P 是以 mW 为单位的功率值；P_0 是参考功率，单位为 mW。例如：电平为 10 mW 的功率，其相对功率为 10 dBm；1 mW 为 0 dBm；10 μW 为 −20 dBm；等等。

2. 量值传递

功率量值传递的方式是由用户实验室将自己的功率计量标准送到高一级标准实验室进行检定。然后，用户实验室根据检定结果向下进行量值传递。而标准实验室的功率标准的量值源于国家的功率基准。这样就把功率量值由国家的功率基准逐级地传递到各级校准实验室的功率计量标准或功率计上，从而保证了功率量值的准确性和一致性。功率量值传递的方法有下列三种：

（1）交替比较法。当对功率量值传递的准确度要求不高时，可采用这种方法。这是早期使用的传递方法。这种传递方法所需要的仪器设备少，操作简单，因此是较为常用的方法之一。但是，该方法的失配误差大，而且难以修正，因此量值传递的准确度低。

（2）传递标准法。当对功率量值传递的准确度要求高时，可采用传递标准法。这种方法操作简单、快捷，而且它的失配误差比交替比较法低很多，因而提高了功率量值传递的准确度，是目前较为广泛使用的传递方法。

（3）六端口法。当对功率量值传递的准确度要求更高时，可采用六端口法进行量值传递。因为这种方法能对失配误差进行修正，故大大提高了功率量值传递的准确度。但这种方法所需的仪器设备多，测量程序复杂，对操作人员的要求高。

3. 环境条件

（1）温度要求：如果标准功率计是热敏电阻型功率计，由于热敏电阻计测量功率的原理是建立在对温度敏感的热敏电阻元件的阻值变化上，因此，环境温度的波动会产生功率测量的误差。通常要求实验的温差变化不能太剧烈，周围无影响正常工作的机械振动和电磁干扰。此外，采用 SYSTEM Ⅱ 这种类型的功率标准时，标准功率计具有温度控制功能，一般热敏电阻的工作温度在 33 ℃左右，适合在 18 ~ 25 ℃的环境中使用。

（2）相对湿度要求：电子仪器的使用要避免过分潮湿的气候，过分潮湿的气候对电子仪

器的使用有危险，因此通常要求实验室的相对湿度控制在 80%以下。冬季气候干燥，工作人员身体容易带静电，如果此时将二极管功率计接到校准系统上，静电放电会损坏功率计。所以在使用该类型功率计时，要注意静电放电问题，要求事先将静电放完，再连接系统。

4. 电源电压要求

通常要求实验室的电源有良好的接地性能，电源电压幅度为 220 V ± 5 V。

9.3.2　频谱分析仪

目前，信号分析主要从三个方面进行，即时域、频域和调制域。频域测量分析方法是观测信号幅度（V）或能量（V^2）与频率的关系，或者说测量分析信号能量随频率的分布，频谱分析仪就是分析信号频域特性的仪器。频谱特性是描述信号特征的一个重要方面。当一个信号随时间做周期或准周期变化时，用傅里叶变换可以表示成一个基波分量及许多谐波分量之和的形式，基波及各次谐波的能量按其频率高低的顺序排列就是信号的频谱。周期（或准周期）性信号的频谱是由一组离散线条组成的离散谱，又称为线谱。

频谱分析仪是把信号的能量分布情况作为频率的函数在 CRT（阴极射线管）上直观地显示出来的测量仪器，自从 20 世纪 30 年代末第一台扫频式频谱分析仪诞生后，世界各科技发达国家投入了大量的人力和物力研究频谱分析仪的理论，并研制技术先进的频谱分析仪。60 年代前的频谱分析仪，基本上是扫频式的频谱分析仪，分辨力较低，仅能对大跨度频率范围进行相对幅度测量，且幅度动态范围也很小，为 40 ~ 50 dB。70 年代的频谱分析仪就有了很大改进，频率分辨力提高，提供了频率和幅度准确的校准信号，通过校准可以对频率和幅度进行绝对量值的测量。另外，还增加了预选器，以解决抑制假响应问题。随着数字技术的发展，又增加了数字显示频率及幅度量值的功能。进入 80 年代后，随着集成电路技术、快速 A/D 转换技术、频率综合技术，尤其是微处理器技术的飞速发展，频谱仪的技术指标大大提高，操作更为方便，功能更加完善。随着技术的不断进步，频谱分析仪的性能也将越来越完善，目前已发展成多功能、多用途的高质量综合性测量仪器，其应用也愈加广泛。

1. 常见的频谱分析仪分类

目前，常见的频谱分析仪有实时频谱分析仪和扫频型频谱分析仪（扫频调谐型）两种，具体如下：

（1）实时频谱分析仪是指能实时显示信号在某一时刻的频率成分及相应幅度的分析仪，常见的有两种形式：

① 并联滤波器型分析仪，称为真正实时型频谱分析仪。这种分析仪能将所有的滤波器在所有时间内都和输入的被测信号连接，可以瞬时检测、显示瞬变和不确定信号，且测量速度快、动态范围宽、幅度测量准确度高，但工作频率范围小，大约在 100 kHz。

② 快速傅里叶变换（FFT）式分析仪，这种频谱仪利用快速傅里叶变换算法把某一时刻的时间函数 $f(t)$ 转换为频域函数。被测信号首先在时域采样，经高速模数变换和快速傅里叶计算后，不仅可以确定幅度-频率函数，还可以确定相位-频率函数，故可对非周期信号和瞬态信号进行频域分析。因此这类频谱仪是目前较为常用的频谱分析仪。

（2）扫频型频谱分析仪，常见的有三种形式：

① 显示扫频型频谱分析仪，用扫描开关扫描，使显示器上轮换显示各滤波器的输出，这种扫频式频谱分析仪不能显示随机信号的实时频谱分布情况，主要用于周期和准周期信号的分析。

② 调谐滤波器型频谱分析仪是通过在整个测量范围内移动一个带通滤波器的中心频率及带宽来工作的。中心频率自动反复在信号频谱范围内扫描，由此依次选出的被测信号各频谱分量经检波和视频放大后加至显示器的垂直偏转电路，而水平偏转电路的输入信号来自调谐滤波器中心频率的扫描信号的同一扫描信号发生器，这样水平轴就表示频率。这种频谱分析仪结构简单、价格低廉，不产生虚假信号，但灵敏度低、分辨力差，主要用于被测信号较强、频谱分析较稀疏和在较宽频率范围内搜索信号的情况。

③ 扫频超外差型频谱分析仪，实际上是一个校准于正弦波均方根值的频率选择性峰值响应电压表。扫频超外差型频谱分析仪是把固定中频的窄带中频放大器作为选择频率滤波器，把本振作为扫频器件，输出本振信号频率，从低到高输出连续扫动，与输入的被测信号中各频谱分量逐个混频，使之依次变为相对应的中频的频谱分量，经检波和放大后显示在荧光屏上。扫频超外差分析仪按照在哪级本振上进行扫频又可分为扫前端式与扫中频式两种。扫中频式扫频宽度小、动态范围小、杂波干扰及虚假响应较多，目前较少运用。扫前端式在第一本振实现扫频，随着扫频振荡器技术的发展，尤其是频率综合器技术的发展，使扫频振荡器的扫频范围极宽，可以从极低的频率一直到很高的频率范围，所以扫前端超外差型工作原理普遍被采用。

2．测试和校准

为确保频谱仪能工作在要求的性能指标状态下，应定期对其各项参数进行测试和校准，必要时还要进行调整，通常是对频谱仪的检定来完成该项工作。关于频谱分析仪的参数和术语很多，电气和电子工程师学会（IEEE）频谱分析仪委员会在 1979 年颁布了 748 号标准，规范了频谱分析仪技术性能描述的标准。国际电工委员会（IEC）在 1981 年颁布了 714 号标准"频谱分析仪性能的表示"，其中描述了 50 多个参数。在这里，仅节选出部分常用的参数和术语：

1）与频率有关的参数

（1）工作频率范围：频谱分析仪能够满足所有规定性能的被测信号频率范围。

（2）扫频宽度：又称频率跨度，指显示器水平轴起止点相对应的频率之差。

（3）扫频时间：从频谱分析仪显示屏水平轴最左端到最右端扫一回所需的时间。

（4）扫描速度：单位时间内的扫频宽度。

（5）测量时间：扫描时间和回扫时间的总和，回扫时间除了少量的锯齿波复位时间外，大部分是频谱分析仪处理数据的时间。

（6）分辨率带宽：表示要测量的是多大带宽的功率，设置分辨率带宽的大小，决定能否把两个相邻很近的信号分开。

（7）视频带宽（VBW）：表示测量精度，VBW 设置得越小，测量精度越高，更有利于观察淹没在噪声中的小信号。

2）与幅度有关的参数

（1）最大允许输入电平：为防止频谱分析仪前端电路烧毁，我们必须了解它的最大允许输入信号电平。信号过大时，可在前端加装衰减器。

（2）噪声系数：频谱分析仪内部产生的附加噪声折合到输入端后与输入端本身热噪声之比，一般以 dB 为单位。

（3）灵敏度：在给定分辨带宽、显示方式和其他影响因素的条件下，频谱分析仪显示最小信号电平的能力。

（4）参考电平：显示屏上代表规定电平的指定垂直位置。

（5）动态范围：能以规定的准确度测量输入的两个信号电平之间的最大差值。

（6）幅度准确度：测量信号幅度的准确程度。

3）与频率和幅度有关的参数及术语

（1）等效噪声带宽 B_N：在对信号进行频谱分析的时候，用来反映频谱泄漏程度的物理量。

（2）幅度频率响应：在整个工作频率范围内，当频率调整到显示屏的中心位置时，对被测不同频率信号的幅度均匀性。

（3）交调抑制度：频谱仪混频器的非线性失真程度。

（4）交流声边带：频谱仪的供电单元滤波不净产生的不希望有的响应。

（5）噪声边带：在显示屏上围绕信号响应出现的不希望有的响应。

（6）剩余响应：无输入信号时的寄生效应。

4）频谱分析仪检定标准

JJF 1396—2013《频谱分析仪校准规范》。

3. 频谱分析仪的校准测试

频谱分析仪的校准测试中，归纳起来为两个基本量的测试：频率和电平。先评定各量值的标准不确定度。与频率有关的测量不确定度评定：

（1）从说明书或证书中获得的数据可按 B 类方法进行评定，例如：

① 温度变化引入的不确定度分量 u_{B1}：说明书给出温度变化引入的误差极限为 $1.4 \times 10^{-9}/{}^\circ C$，在测量过程中，实验室温度变化不超过 2 ℃，置信半区间 $a_1 = 1.4 \times 10^{-9}$，按均匀分布，$K_p = \sqrt{3}$ 不确定度分量 $u_{B1} = 1.4 \times 10^{-9}/\sqrt{3}$。

② 电源电压的变化引入的不确定度分量 u_{B2}：说明书给出，电源电压变化 ± 10 V 时，引起频率变化的误差极限为 $\pm 5 \times 10^{-10}$，实验室供电电压变化不超过 10 V，置信半区间 $a_2 = \pm 5 \times 10^{-9}$，按均匀分布，$K_p = \sqrt{3}$，不确定度分量 $u_{B2} = 5 \times 10^{-9}/\sqrt{3}$。

③ 时基准确度引入的不确定度分量 u_{B3}：说明书给出，时基的日老化率为 $\pm 1.5 \times 10^{-9}$，频率测量不超过 8 h，置信半区间 $a_3 = 1.5 \times 10^{-9}$，按均匀分布，$K_p = \sqrt{3}$，由此引入的不确定度分量 $u_{B3} = 1.5 \times 10^{-9}$。

④ 时基的可调整率引入的不确定度分量 u_{B4}：一般时基的可调整率为 $\pm 1 \times 10^{-7}$，置信半区间 $a_4 = 1 \times 10^{-7}$，按均匀分布，$K_p = \sqrt{3}$，由此引入的不确定度分量 $u_{B4} = 1 \times 10^{-7}/\sqrt{3}$。

⑤ 频率计测频显示量化引入的不确定度分量 u_{B5}：频率计测频显示量化误差为 ± 1 个有效

数字，当被测频率值和分辨力不同时，引入的误差是不同的，以 f=200 MHz，分辨力为 1 Hz 为例，置信半区间 a_5=$\pm 0.5 \times 10^{-9}$。按均匀分布，$K_p = \sqrt{3}$，由此引入的不确定度分量 u_{B5}= $0.5 \times 10^{-9}/\sqrt{3}$。

（2）测试重复性引入的不确定度评定每个频率值都要重复测量几次，每次测量都是独立进行的，其引入的不确定度可用 A 类方法进行评定。对几次测量值求算术平均值的实验标准偏差作为不确定度 u_A：

$$u_A=1.0 \times 10^{-9}$$

（3）合成标准不确定度：

$$u_C = \sqrt{u_A^2 + \sum_{i=1}^{4} u_{Bi}^2} = 5.8 \times 10^{-8}$$

（4）扩展不确定度：

$$U=2u_C=1.16 \times 10^{-7}$$

① 校准点功率测量的不确定度评定。

A. 说明书或证书中获得的数据可按 B 类方法进行评定，例如：

a. 功率传感器校准因子引入的不确定度 u_{B1}：说明书给出的校准因子的误差极限为$\pm 2\%$，置信半区间为 a_1=2%，按均匀分布，引入的不确定度分量为

$$u_{B1}=0.02/\sqrt{3} =1.2\%$$

b. 功率计线性度引入的不确定度分量 u_{B2}：功率计的线性度在 0 ~ 20 dBm 时为± 0.02 dB，置信半区间 a_2=0.02 dB，按均匀分布，$K_p = \sqrt{3}$，引入的不确定度分量 u_{B2}=0.02/$\sqrt{3}$ =0.02 dB。

B. 测量重复性引入的不确定度评定校准点的功率要重复测量几次，每次测量都是独立进行的，其引入的不确定度可用 A 类方法进行评定。对几次测量值求算术平均值的实验标准偏差作为不确定度 u_A，实验表明：

$$u_A=5 \times 10^{-4}$$

C. 合成标准不确定度：

$$u_C = \sqrt{u_A^2 + \sum_{i=1}^{4} u_{Bi}^2} = 0.05 \text{ dB}$$

D. 扩展不确定度：

$$U=2u_C=0.1 \text{ dB}（k=2）$$

② 幅度测量的不确定评定。

A. 幅度测量中的误差限的获得方法有两种：一种是根据仪器设备的说明书或检定证书上给出的数据，可按 B 类方法评定不确定度；另一种是测量的重复性，可按 A 类方法进行评定。

a. 说明书给出功率计校准信号幅度的误差限为 ± 0.05 dB，置信半区间 a_1=0.05 dB，按均匀分布，$K_p = \sqrt{3}$ 引入的不确定度分量：

$$u_{B1} = 0.05 \text{ dB}/\sqrt{3}$$

b. 信号源输出幅度在不同值和不同频率时,误差限不同,以 – 60 dBm,频率为 1 000 MHz 为例,允许误差限为 ± 0.7 dB,置信半区间 a_2=0.7 dB,按均匀分布,$K_p = \sqrt{3}$,引入的不确定度分量:

$$u_{B2} = 0.7 \text{ dB}/\sqrt{3}$$

c. 10 dB 衰减器的误差限为 ± 0.02 dB,置信半区间 a_3=0.02 dB,按均匀分布,$K_p = \sqrt{3}$,引入的不确定度分量:

$$u_{B3} = 0.02 \text{ dB}/\sqrt{3}$$

d. 仪器间相互连接不可能完全匹配,当信号输出端反射系数 $|\varGamma_g|$=0.2,接收端的反射系数 $|\varGamma_L|$=0.2 时,失配引入的误差为

$$\varDelta_P = \frac{1}{(1+|\varGamma_g|+|\varGamma_L|)} - 1 = \begin{cases} -2.3\% \\ 2.5\% \end{cases}$$

置信半区间为 a_4=[2.5% – (– 2.3%)]/2=2.4%,服从反正弦分布,$K_p = \sqrt{2}$,引入的不确定度分量:

$$u_{B3}=2.4\%/\sqrt{2}$$

e. 根据多次重复实验结果证明,测试重复性所引入的不确定度分量:

$$u_A=0.14 \text{ dB}$$

B. 合成标准不确定度:

$$u_C = \sqrt{u_A^2 + \sum_{i=1}^{4} u_{Bi}^2} = 0.8 \text{ dB}$$

C. 扩展不确定度:

$$U=2u_C=1.6 \text{ dB}$$

③ 测量不确定度的标准及规范:

JJF 1059.1—2012《测量不确定度评定与表示》;

CNAS-GL07《电磁干扰测量中不确定度的评定指南》;

CNAS-GL026《无线电领域测量不确定度评估指南及实例》。

（5）频谱分析仪使用中应注意的问题。

频谱分析仪是高准确度、高价值的贵重仪器,应注意正确使用和操作,以免损坏仪器,并提高测量结果的准确性。

在使用频谱分析仪前必须认真阅读使用说明书,在不同的使用场合,要根据使用目的带齐附件并正确连接,特别需要注意以下几点:

① 人体容易带静电,静电放电会损坏电子元器件。因此,在操作仪器设备前要事先放电或戴接地手环。

② 使用前首先核对现场提供的电源的电压和频率与频谱分析仪的电源要求是否相同,有的频谱分析仪有 110 V、220 V 两种电源电压,根据使用现场的电源电压,选用其中一种。使用带接地线的三芯电源线,按国家规定,接地插孔在上面,左边接零线,右边接火线;使用现场应有可靠的接地线,使频谱分析仪和被测仪器都可靠接地。

③ 熟悉和了解前后面板的各种连接线,并正确连接。

④ 有的频谱分析仪有"AC 耦合"和"DC 耦合"两种输入端口,在"DC 耦合"输入端口输入可测的频率下限更低,但这个输入端口到混频器输入端没有隔直流电容,因此"DC 耦合"输入端口所测的信号中不允许包含直流电压成分,否则容易损坏混频器。有的频谱分析仪只有一个输入端口,且能测很低的频率,但标明允许输入的直流电压为 0 V。这就表明输入信号中也不能包含直流电压成分,当需要测量包含直流电压的信号时,必须加接有隔直流电容的附件。

⑤ 在测量中,要特别注意,在显示屏上看到的分别是输入信号中各频率成分的功率电平,而加在混频器上的是信号的总功率,因此显示屏上各频率成分中的最大功率电平虽然没有超过混频器的损坏功率,但信号的总功率电平有可能已经超过混频器的损坏功率。损坏功率是指加在混频器上或输入衰减器上的信号总功率。

⑥ 在进行测量时,所选用频谱分析仪的阻抗应与被测对象的阻抗一致,若不一致,应附加阻抗转换器。阻抗转换器是低插入损耗器件,它的损耗量及其不确定度都应计入测量结果及其不确定度中。

⑦ 当进行一般性测量时,开机后,在本底噪声线出现后就可测量;当进行精密测量和检定时,频谱分析仪必须充分预热,一般预热 30 min 或更长时间。

⑧ 频率测量的误差。

⑨ 幅度测量的误差。

⑩ 在测量输入信号的谐波和交调失真时,要考虑频谱仪自身失真的影响。

9.3.3　信号发生器

信号发生器在测试工作中也发挥着举足轻重的作用,它是多参数的综合型测量仪器,主要包括频率、电平和调制三个方面的技术指标。无线电设备发射指标测试中常用其作标准物质使用。信号发生器的输出幅度常用电压(V)或功率(W)表示。

信号发生器按照其工作原理可分为合成式信号发生器、扫频信号发生器和合成式扫频信号发生器三种。合成式信号发生器的频率准确度高,频谱纯度好,是高质量的信号发生器。较早期的频率合成是通过混频(加减)、倍频(乘)、分频(除)实现频率变换的,常称为直接合成法。直接合成法的频率更新速度快,缺点是需要大量的混频、分频及滤波等设备,使仪器变得笨重,可靠性降低。间接合成法的优点是所需的硬件设备少,可靠性高,频率范围宽,但由于锁相需要一定的稳定时间,因此频率更新速度较慢。扫频信号发生器通常简称为扫频源,其输出信号频率可随时间在一定范围内,按一定规律重复变化;扫频方式有线性起始（Start）、终止（Stop）、中心频率（Center）、范围（Span）、频率标志（Marker）等，同步方式有内部（Int）、电源（Line）、外部（Ext），扫频形式有连续（Cont）、单次（Single）及手动（Manual Sweep）等；在扫频的特定时刻，其输出波形是正弦波，扫频源也可以设置为输出单一频率的连续波工作状态；扫频源在扫频工作时，可以设置若干个频率标志，以提供使用。合成式扫频信号发生器比合成式信号发生器增加了扫描发生器，实现主振器的模拟扫频驱动，把锁相与扫频有机地联系起来，一般简称为合成式扫频源。其输出部分的稳幅、调制部分与合成式信号发生器及扫频源是相同的，除连续波（CW）输出频率外，还可以完成起始（Start）、终止（Stop）扫频，中心（Center）、范围（Span）扫频以及频率标志间（M1 ~ M2 Sweep）扫频等常规扫频方式，以及频率步进（Step SWP）扫频、步进间隔（Step Size）扫频、频率步进点数（Step Points）扫频等方式。每个频率点上的持续时间（Dwell Time）可以设置，频率点之间的切换可以是自动（Auto）的，也可以设置为总线（Bus）或外部（Ext）触发（Trig）。频率列表（List）是步进扫频功能的进一步扩展，其输出频率点的频率（Freg）和频率偏移（Offset）均可独立设置。输出功率也可以在设置的范围内进行扫描。合成式扫频源的扫描方式有自动（Auto）、手动（Manual）、单次（Single）和连续（Cont）扫频，列表（List）和斜坡（Ramp）扫频，扫频时可以设置多个频率标志。调制（Mod）功能一般有调幅（AM）、调频（FM）、调相（PM）、脉冲调制（PM，Pluse）以及噪声调制（Noise）等，并配有内部脉冲调制源，可选择脉冲的重复频率（Rate）或重复周期、脉冲宽度（Width），还可选择（Option）配置内部调制源（包括正弦波、三角波、锯齿波等）。外部调制可以接受以上各种波形，可按需要设置相应的调制灵敏度。在使用时，可根据测试需求选择合适的信号发生器。

9.3.4 网络分析仪

网络分析仪是一种能在宽频带内进行扫描测量，以确定网络参量的综合性微波测量仪器，全称是微波网络分析仪。网络分析仪是测量网络参数的一种新型仪器，可直接测量有源或无源、可逆或不可逆的双口和单口网络的复数散射参数，并以扫频方式给出各散射参数的幅度、相位、频率特性。自动网络分析仪能对测量结果逐点进行误差修正，并换算出其他几十种网络参数，如输入反射系数、输出反射系数、电压驻波比、阻抗（或导纳）、衰减（或增益）、相移和群延时等传输参数以及隔离度和定向度等。

9.3.5 综合测试仪

综合测试仪是针对不同无线电设备开发的有针对性的测试仪表，它通常具备被测设备相关的网络制式，能够和被测设备间发起连接，完成相关参数的自动化测试。例如，手机综合测试仪通常支持 GSM、GPRS、cdma 1x、cdma2000、WCDMA、FDD-LTE、TDD-LTE 等移动电话的相关协议；蓝牙综合测试仪通常支持 IEEE 802.15 协议。综合测试仪具有快速、精确、自动测试所需的所有功能和性能特点，所以被广泛应用。

9.3.6　测试常用的标准配件

测试常用的标准配件有射频电缆、负载、衰减器、低噪声放大器、滤波器（带通、带阻、高通、低通）、分路器、合路器、耦合器、转换器等。这些标准配件的选用都需要对其插损等影响测试结果的指标进行有效论证。对环境参数有要求时，还需要准备经过计量确认的温度计、湿度计、气压表和 GPS 接收机等。

9.3.7　测试天线

场强和辐射干扰的测量系统离不开天线，天线是辐射和接收电磁波的变换装置。不同频段的测试天线，其形式要求是不相同的。天线与辐射源的距离不同时，对测试天线的要求不同，而测试场地、测试方法以及相应的仪器和附属设备也不相同。对于不同用途的测量，其测试天线也是不同的。

（1）在选择测试天线时，要重点关注的指标。

① 天线方向性图，它被认为是对天线的最基本要求，天线方向性图决定了天线所辐射（或接收）的电磁能量在空间中的分布。天线方向性图的定义：在相同距离处，天线辐射和接收时，电磁能量（或场强）在空间中的各个不同方向上的分布图形，是在给定方向上单位面积的功率的度量，或者是单位立体角内的功率（即场强方向性图）的度量。通常所指的天线方向性图主要是针对两个主极化面，即 E 面（电场平面，与电场矢量平行，并沿波束最大值方向通过天线的平面）和 H 面（磁场平面，与磁场平行，并沿波束最大值方向通过天线的平面）。表征天线方向性图的量值有主瓣宽度和副瓣电平。主瓣宽度的定义：电平比波瓣最大值低 3 dB 处的张角宽度。副瓣电平以低于主瓣峰值的 dB 数来表示。在测试中，为了减小环境影响，通常希望标准增益天线的副瓣电平尽可能低。

② 天线增益，它是用来表征天线在特定方向上集中能量的能力，或在特定方向上灵敏地接收能量的能力。

③ 天线有效高度，它可以表明天线发射或接收电磁能量的能力。

④ 天线阻抗特性，它关系到信号源的功率是否尽可能多地馈送到天线，或从天线能否尽量多地取得接收能量。

⑤ 天线极化，通常定义为最大辐射方向上电场矢量的取向。因此，地面上的垂直偶极子辐射垂直极化波，水平偶极子辐射水平极化波。

⑥ 频率范围，通常天线的频率范围是用波段和频带宽度来表示的。测量场强和辐射干扰所采用的天线，对频率范围的要求，比雷达和通信天线的频率范围宽得多。通常说的带宽是指天线满意工作的频率范围，满意的特性参数并不是唯一的，一般是指阻抗匹配带宽和辐射方向图带宽。

⑦ 天线系数（F），它是测量场强和辐射干扰用的天线的重要参数，定义为 $F=E/U$，用 dB 表示为 $F_{dB} = 20\log\left(\dfrac{E}{U}\right)$。式中，$U$ 为接收天线输出端电压，E 为接收电场强度。在实际使用中，天线系数可由制造厂商把计算值或实测值提供给用户。

（2）常用的天线。

① 偶极子天线：测量场强最常用也是最简单的天线。

② 环形天线：测量高频、微波磁场和表面电流最常用的天线之一。

③ 双锥天线：该天线频带宽，是在 VHF 和 UHF 频段常用的天线之一。

④ 杆状天线：广泛被用作 10 kHz ~ 30 MHz 频段的场强辐射敏感性测试的发射天线。

⑤ 对数周期天线：常用在 30 MHz ~ 3 GHz 频段，作电磁干扰辐射敏感性试验使用。

⑥ 喇叭天线：最简单的传输电磁能量的开口波导微波辐射天线。

9.3.8　测试场地

无线电设备发射指标的测试离不开场地的要求，常见的测试场地有电磁屏蔽室、电波暗室、开阔试验场、横电磁波室和混波室五种。我们根据测试项目/参数的不同，需选择合适的场地完成测试，以确保结果的准确性。

（1）电磁屏蔽室：用于无线电设备发射指标传导测试，其主要作用是隔离电磁场，避免非被测信号输入。它是一个由低电阻金属材料制作的封闭室体，利用电磁波在金属体表面产生反射和涡流而起到屏蔽作用，当与大地连接后，同时能起到静电屏蔽作用。一般的屏蔽室为矩形的封闭室体。屏蔽室按结构材料分类，可分为钢（铜）板屏蔽室和丝网屏蔽室，钢板屏蔽室又分为焊接式和板块拼装式。电磁屏蔽室除了有良好屏蔽性能的屏蔽室体外，屏蔽门、通风波导、电源滤波器和信号滤波器及接地等是影响屏蔽室总体性能的主要辅助设施，因此，对不同性能的电磁屏蔽室，需配备相应性能的辅助设施。

（2）电波暗室：分为全电波暗室和半电波暗室两种。在测试无线电设备发射指标辐射时需使用全电波暗室，又称无反射室，用以避免 EUT（被测试设备）信号的反射造成测试结果的偏差。半电波暗室多用于电磁兼容（EMC）的测试。

（3）开阔试验场：多用于天线和仪表的校正测试，较少用于无线电设备发射指标的测试。

（4）横电磁波室：主要用于电磁兼容测试，既可对 EUT 进行电磁干扰测量，又能进行敏感度测量，较少用于无线电设备发射指标的测试。

（5）混波室：用以改变内部的电磁场结构，为抗扰度和辐射测试提供一个电磁环境，较少用于无线电设备发射指标的测试。

9.4　无线电发射设备检测方法

无线电设备的检测工作主要分为发射指标检测和接收指标检测两大块，在无线电管理工作中，更关注的是无线电设备的发射指标，因此本节着重介绍发射指标的测试方法。

9.4.1　检测项目

无线电设备发射指标检测项目主要是其工作频率范围和主要的无线电射频技术指标，是与其工作频段范围相关的射频发射指标，部分项目包含了天馈系统的电气特性值和重要射频部件的传输特性值。目前，从无线电管理的角度出发，无线电发射设备主要检测的项目有：功率（发射功率、等效全向辐射功率、有效辐射功率）、频率范围、频率容限、占用带宽、杂散发射、调制方式。检测时需具体根据每类设备相关的管理文件，以及所采用的国家标准、行业标准、国际标准和区域标准等检测依据、技术标准来明确具体的检测项目。测试方式一般分为传导和辐射两种，传导测试需要在屏蔽室内进行，辐射测试需要在全电波暗室中进行。

9.4.2　术语、定义

1. 频率容限（frequency tolerance）

频率容限是发射所占频带的中心频率偏离指配频率，或发射的特征频率偏离参考频率的最大容许偏差。频率容限以百万分之几（$x \times 10^{-5}$）或若干赫兹表示。

2. 指配频率（assigned frequency）

指配频率是指配给一个电台频带的中心频率。

3. 特征频率（characteristic frequency）

特征频率是在给定的发射中，易于识别和测量的频率。

4. 参考频率（reference frequency）

参考频率是相对于指配频率具有固定和特定位置的频率，此频率对指配频率的偏移与特征频率对发射所占频带中心频率的偏移具有相同的绝对值和正负号。

5. 必要带宽（necessary bandwidth）

对于给定的发射类别而言，必要带宽是恰能满足规定条件下信息传输所要求的速率和质量的需要带宽。

6. 占用带宽（occupied bandwidth）

占用带宽是指这样一种带宽，在此频带的频率下限之下和频率上限之上所发射的平均功率分别等于某一给定发射的总平均功率的规定百分数 $\beta/2$。除非另作规定，$\beta/2$ 值等于 0.5%。

7. 杂散发射（spurious emission）

杂散发射是必要带宽之外的一个或多个频率的发射，其发射电平可降低而不致影响相应信息的传输。杂散发射分量包括谐波发射、寄生发射、互调产物及变频产物，但带外发射除外。

8. 带外发射（out-of-band emission）

带外发射是由调制过程产生的，刚超出必要带宽一个或多个频率的发射，但杂散发射除外。

9. 无用发射（unwanted emission）

无用发射包括杂散发射和带外发射。

10. 带外域（out-of-band domain）

带外域的频率范围刚超必要带宽又不包括杂散域，在此频率范围内主要是带外发射。

11. 杂散域（spurious domain）

杂散域的频率范围落在带外域之外，在此频率范围内主要是杂散发射。

12. 峰包功率（peak envelope power）

峰包功率是在正常工作情况下，发射机在调制包络峰点的一个射频周期内供给天线馈线的功率算术平均值。

13. 平均功率（mean power）

平均功率是在正常工作情况下，发射机在调制中以与所遇到的最低频率周期相比有足够长的时间间隔，供给天线馈线的功率算术平均值。

14. 载波功率（carrier power）

载波功率是在无调制的情况下，发射机在一个射频周期内供给天线馈线的功率算术平均值。

15. 等效全向辐射功率（equivalent isotropic radiated power）

等效全向辐射功率是供给天线的功率与指定方向上相对于全向天线的增益的乘积。

16. 有效辐射功率（effective radiated power）

有效辐射功率是供给天线的功率与指定方向上相对于半波振子的增益的乘积。

9.4.3　发射功率测试

1. 发射功率分类

（1）根据测量方法的不同，发射功率可分为以下三种（具体采用哪一种取决于发射类别或信号特征）：

① 峰包功率是调制包络最高峰一个射频周期内的平均功率，一般用来描述单边带信号、TDMA 信号或脉冲信号的功率，如 SSB、GSM、TETRA、DECT、TD- SCDMA、WLAN、雷达信号等。

② 平均功率是发射机在调制中以与所遇到的最低频率周期相比足够长的时间内的功率，一般用来描述连续发射的信号功率，如 CDMA、WCDMA、数字微波等。

③ 载波功率是无调制时载波的平均功率，一般用来描述模拟调制信号的载波功率，如 FM、PM 等。

（2）依据其测试位置或发射途径不同，发射功率又可以分为以下两种：

① 天线端口传导功率，一般用来描述外接天线设备的天线端口功率。

② 辐射功率（包括等效全向辐射功率和有效辐射功率，前者比后者大 2.15 dB），一般用来描述天线不可拆分或内置天线设备的辐射功率，如很多短距离微功率设备、数据卡、网卡、RFID 设备等。

2. 测试方法

1）传导功率

（1）测试配置如图 9-1 所示。

图 9-1　发射功率（传导功率）测试参考配置

（2）测试步骤。

① 按照图 9-1 连接电路，通过适当的衰减或耦合装置（根据被测件的标称功率选择，确保输入测试仪表的功率值低于仪表承受的最大限值），连接到功率计或频谱分析仪。

② 设置 EUT 的工作频率，工作在连续波（CW）状态下。

③ 在发信机保持正常工作状态的前提下，补偿链路衰减值，读取功率值。

2）辐射功率

（1）测试配置如图 9-2 所示。

图 9-2　发射功率（辐射功率）测试参考配置

（2）测试步骤。

① 按照图 9-2 连接电路，将被测件放置于全电波暗室中，通过接收天线接收被测件信号。

② 设置 EUT 的工作频率，工作在连续波（CW）状态下。

③ 在发信机保持正常工作状态的前提下，读取频谱分析仪/接收机的功率值。

④ 补偿空间链路损耗，即最终的功率值。

自由空间链路损耗值计算：

a. 公式计算：

$$L=20\lg(d)+20\lg(f)+K$$

式中，L 表示路径损耗，单位为 dB；d 表示传输距离，单位为 m；f 表示信号的频率，单位为 MHz；K 是一个常数，此处可取 32.4，用来表示其他因素对路径损耗的影响，单位为 dB。公式中的 $20\lg(d)$ 项表示距离衰减，$20\lg(f)$ 项表示频率衰减，K 项表示其他因素的影响。

最终的衰减值需考虑减去接收天线的增益值，并加上线缆的损耗值。

b. 用标准源作计量：

将标准信号源放于被测件位置，发射被测同频点的信号，读取标准源功率和接收设备功率，算取差值即为该频点下的空间损耗。

9.4.4　频率范围测试

频率范围通常指被测设备发射信号谱图的包络范围，说明了被测设备所占用的频率范围，一般结果值为左右两侧固定功率下的频点读值。遇到跳频信号时，通常为最低信道左侧固定功率下的读值，最高信道右侧固定功率下的读值（固定功率值通常为 – 30 dBm，需根据不同类型被测件的测试标准要求确定准确值）。该指标需在屏蔽室内用传导方式测试。

（1）测试配置如图 9-3 所示。

图 9-3　频率范围测试参考配置

（2）测试步骤。

① 按照图 9-3 连接电路，通过适当的衰减或耦合装置（根据被测件的标称功率选择，确保输入测试仪表的功率值低于仪表承受的最大限值），连接到频谱分析仪。

② 设置 EUT 的工作频率，工作在连续波（CW）状态下。

③ 在发信机保持正常工作状态的前提下，补偿链路衰减值，以信号峰值为中心，滑动 Mark 光标至左右两侧第一个固定功率值处，读取该处的频点值。

9.4.5　频率容限测试

频率容限主要用于频率评估被测设备发射频点的误差是否在标准允许范围内，不会占用其他设备的正常信道。它的基本单位是 10^{-6}。该指标需在屏蔽室内用传导方式测试。

（1）测试配置如图 9-4 所示。

图 9-4　频率容限测试参考配置

（2）测试步骤。

① 按照图 9-4 连接电路，通过适当的衰减或耦合装置（根据被测件的标称功率选择，确保输入测试仪表的功率值低于仪表承受的最大限值），连接到频谱分析仪。

② 设置 EUT 的工作频率，工作在连续波（CW）、单载波（single-carrier）状态下。

③ 在发信机保持正常工作状态的前提下，读取频率值 f，按照下列公式计算频率偏差：

$$频率容限 = (f - f_0)/f_0$$

其中，f_0 为被测样品的标称频率。

④ 对于 TDMA 等系统，若系统不能输出单载波时，应使用带有高稳时基的矢量信号分析仪通过调制域进行测试；或在峰值的左右两侧降低 10 dB，分别读取频率值，按照公式实测值 $=(f_l+f_r)/2$ 计算实测值；再将实测值代入频率容限计算公式，算出频率偏差。

9.4.6　发射设备的占用带宽测试

占用带宽（occupied bandwidth）是指在它的频率下限之下或频率上限之上的带外所发射的平均功率各等于某一给定发射的总平均功率的 0.5% 的一种宽带。无线通信产品的占用带宽是指通信产品的整个信道发射出来的能量（功率）所占用的宽度。对无线通信产品来说，其占用带宽是确定的，不能超过其确定的带宽范围，也就是不能占用其他通信产品的频谱资源。一般来说，如果占用的宽度过大，会导致自身信道功率超标，占用宽度不够，信道功率就会过小，从而实现不了产品的通信功能。该指标需在屏蔽室内用传导方式测试。

（1）测试配置如图 9-5 所示。

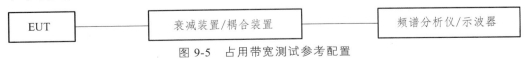

图 9-5　占用带宽测试参考配置

（2）测试步骤。

① 按照图 9-5 连接电路，通过适当的衰减或耦合装置（根据被测件的标称功率选择，确保输入测试仪表的功率值低于仪表承受的最大限值），连接到频谱分析仪/示波器。

② 设置 EUT 的工作频率，工作在连续波（CW）、调制波（modulated wave）状态下。

③ 在发信机保持正常工作状态的前提下，切换到占用带宽分析模块，根据被测设备对应的测试标准要求的 span、RBW 和 VBW 参数设置，读取被测设备的占用带宽值。用示波器测试带宽时，可以设置示波器带宽为被测设备标称带宽的 5 倍，以提升结果的准确度。

9.4.7　邻信道功率测试

邻信道功率（ACP）是指发射机在其传输信道直接相邻的信道中产生的平均功率。这个概念主要用于评估信号的电平以及是否存在频谱扩展或切换瞬变的迹象。邻信道功率比（ACPR）是邻道功率相对于发射频率信道功率的比例，是一个重要的参数，用来衡量邻频率信道中的干扰量或功率量。在无线通信系统中，信道功率通常指特定信道的载频功率，而在某些情况下，如 CDMA、FDD-LTE 等通信制式中，ACPR 也是评价系统性能的一个重要指标。

在实际操作中，邻信道功率可以通过信号分析仪来进行测量。在进行这项测量时，需要设定信道频率、带宽以及信号的通道偏置。信号分析仪会自动计算并显示测量结果，包括总平均功率、信道带宽下的被测设备的功率，以及其他相关的统计数据。此外，频谱分析仪还具有内置的信道功率测量功能，能够在较宽的范围内自动计算功率谱密度，帮助用户轻松完成测量任务。

邻信道功率检测可以用来确定设备在邻近频道中产生的无线功率，以确保通信之间有足够的频谱间隔，防止干扰和数据丢失。这种方法可能涉及多种技术和算法，包括但不限于接收器的功率测量和使用数学模型和算法来估算邻近频道的功率。邻信道功率检测在无线局域网、蓝牙设备和物联网等多种场合中发挥着重要作用，确保设备间协同工作和高效率通信。该指标需在屏蔽室内用传导方式测试。

（1）测试配置如图 9-6 所示。

图 9-6　频率范围测试参考配置

（2）测试步骤。

① 按照图 9-6 连接电路，通过适当的衰减或耦合装置（根据被测件的标称功率选择，确保输入测试仪表的功率值低于仪表承受的最大限值），连接到频谱分析仪。

② 设置 EUT 的工作频率，工作在连续波（CW）、调制波（modulated wave）状态下。

③ 在发信机保持正常工作状态的前提下，切换频谱仪至邻道功率测试模块下，设置信号的标称带宽，读取主信道两侧两个相邻通道的功率值。相邻信道功率比（ACPR）可以通过以下公式计算：

$$ACPR_{dB}=10\log\left(P_{adj}/P_{ch}\right)$$

其中，P_{adj} 是相邻信道的功率；P_{ch} 是主信道功率。

9.4.8 杂散发射测试

杂散发射（spurious emission）指必要带宽之外的一个或多个频率的发射，其发射电平可以降低而不致影响相应信息的传递。

发信机的杂散辐射是指用标准信号调制时在除载频和由于正常调制和切换瞬态引起的边带以及邻道以外离散频率上的辐射。杂散辐射按其来源不同可分为传导型杂散辐射和辐射型杂散辐射。传导型杂散辐射指天线连接器处或电源引线引起的任何杂散辐射。辐射型杂散辐射指由于机柜和设备的结构而引起的任何杂散辐射。因此，杂散发射的测试分为两种情况：一种是传导杂散的测试，在屏蔽室内完成；另一种是辐射杂散的测试，在全电波暗室中完成。

1. 传导杂散发射

（1）测试配置如图 9-7 所示。

图 9-7 传导杂散发射测试参考配置

（2）测试步骤。

① 按照图 9-7 连接电路，通过适当的衰减或耦合装置（根据被测件的标称功率选择，确保输入测试仪表的功率值低于仪表承受的最大限值），连接到功率计或频谱分析仪。

② 设置 EUT 的工作频率，工作在连续波（CW）、调制波（modulated wave）状态下。

③ 在发信机保持正常工作状态的前提下，补偿链路衰减值，按照被测设备技术标准要求规定的杂散测试范围，用频段扫描的模式完成重点频段的扫描，对超出限值的频点及功率值进行标注并登记。

2. 辐射杂散发射

（1）测试配置如图 9-8 所示。

图 9-8 辐射杂散发射测试参考配置

（2）测试步骤。

① 按照图 9-8 连接电路，将被测件放置于全电波暗室中，通过接收天线接收被测件信号。

② 设置 EUT 的工作频率，工作在连续波（CW）、调制波（modulated wave）状态下。

③ 在发信机保持正常工作状态的前提下，补偿空间链路损耗值，按照被测设备技术标准要求规定的杂散测试范围，用频段扫描的模式完成重点频段的扫描，对超出限值的频点及功率值进行标注并登记。

9.4.9 调制方式测试

调制方式是指将数据转换成适合通过通信信道传输的形式的过程。调制方式主要分为模拟调制和数字调制两大类。模拟调制主要用于 AM、FM 及短波广播等，而数字调制则是通过数字信号来传输信息。数字调制方式包括振幅键控（ASK）、频率键控（FSK）、相位键控（PSK）等；此外，还有脉冲调制、扩频调制等。在数字调制中，正交调制是一种重要的技术，它包括正交振幅调制（QAM）、正交频分复用调制（OFDM）等。正交调制通过在多个载波上加载不同的信息，并一起发送，以提高频谱利用率。对调制方式的判定可判断被测设备传输的数据类型、通信距离、信道条件等。调制方式的判定需在屏蔽室内用传导方式进行测试。

（1）测试配置如图 9-9 所示。

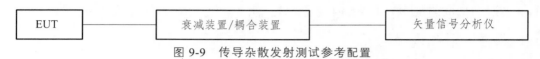

图 9-9 传导杂散发射测试参考配置

（2）测试步骤。

① 按照图 9-9 连接电路，通过适当的衰减或耦合装置（根据被测件的标称功率选择，确保输入测试仪表的功率值低于仪表承受的最大限值），连接到功率计或频谱分析仪。

② 设置 EUT 的工作频率，工作在连续波（CW）、调制波（modulated wave）状态下。

③ 在发信机保持正常工作状态的前提下，用矢量信号分析仪中专用的解调工具进行调制分析，确定被测设备的调制方式。

本章小结

（1）无线电发射设备的定义：无线电通信、导航、定位、测向、雷达、遥控、遥测、广播、电视等各种发射无线电波的设备，不包含可辐射电磁波的工业、科研、医疗设备、电气化运输系统、高压电力线及其他电气装置等。

（2）无线电台（站）使用的无线电发射设备，须依法取得无线电发射设备型号核准证且符合国家规定的产品质量要求及相关技术指标要求，无线电发射设备型号核准流程严格按照有关规定执行。无线电发射设备型号核准证的发射设备型号核准代码，需按照规定格式标注。

（3）无线电发射设备型号核准工作是无线电管理的主要职责之一，也是无线电设备管理的主要内容，该工作负责对研制、生产、进口、销售无线电发射设备的电磁兼容认证管理，核发型号核准证。

（4）无线电发射设备的检测工作离不开测试仪表、天线与场地的支撑，选择适当、可靠的仪表、天线，在符合标准要求的场地环境中完成测试，才能确保结果的准确性与可靠性。

（5）在微波测量技术中，微波功率测量是一项基本的微波测量技术。微波功率表征了高频和微波信号源的发射特性。在高频和微波功率计量的工作中，主要任务是建立高频和微波功率标准，进行功率量值传递。

（6）频域测量分析方法是观测信号幅度（V）或能量（V^2）与频率的关系，频谱分析仪就是分析信号频域特性的仪器。

（7）信号发生器在测试工作中也发挥着举足轻重的作用，它是多参数的综合型测量仪器，主要包括频率、电平和调制三个方面的技术指标。无线电设备发射指标测试中常用其作标准物质使用。

（8）网络分析仪是测量网络参数的一种新型仪器，可直接测量有源或无源、可逆或不可逆的双口和单口网络的复数散射参数，并以扫频方式给出各散射参数的幅度、相位、频率特性。

（9）综合测试仪是针对不同无线电设备开发的有针对性的测试仪表，它通常具备被测设备相关的网络制式，能够和被测设备间发起连接，完成相关参数的自动化测试。

（10）测试常用的标准配件有射频电缆、负载、衰减器、低噪声放大器、滤波器（带通、带阻、高通、低通）、分路器、合路器、耦合器、转换器等。

（11）场强和辐射干扰的测量系统离不开天线，天线是辐射和接收电磁波的变换装置。天线与辐射源的距离不同时，对测试天线的要求也相同，且测试场地、测试方法以及相应的仪器和附属设备也不相同。

（12）无线电设备发射指标的测试离不开场地的要求，常见的测试场地有电磁屏蔽室、电波暗室、开阔试验场、横电磁波室和混波室五种。

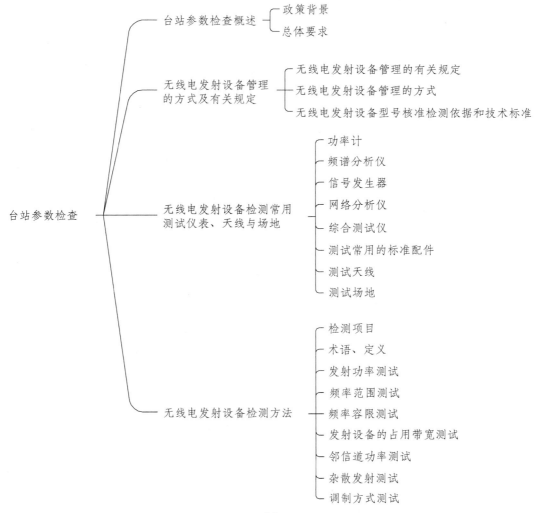

思考与练习

1. 填空题

（1）生产或者进口应当取得（　　　　　　　　　　）的无线电发射设备，除应当符合产品质量等法律法规、国家标准和国家无线电管理的有关规定外，还应当符合无线电发射设备型号核准证核定的技术指标，并在设备上标注（　　　　　　　　　　）。

（2）无线电设备的检测工作主要分为（　　　　　　　）检测和接收指标检测两类。

（3）功率量值传递的方法包括（　　　　）、（　　　　）、（　　　　）三种。

（4）常见的频谱分析仪分类有（　　　　）、（　　　　）。

（5）信号发生器的测试技术指标主要包括（　　　　）、（　　　　）、（　　　　）三个方面。

（6）无线电设备发射指标的测试离不开场地的要求，常见的测试场地有（　　　　）、（　　　）、（　　　）、（　　　）、（　　　）五种。

（7）发射功率的测试方法包括（　　　　）、（　　　　）。

（8）发射设备的占用带宽是指（　　　　　　　　）。

（9）杂散发射包含（　　　）、（　　　）、（　　　）、（　　　）四种。

（10）根据测量方法的不同，发射功率可分为（　　　）、（　　　）、（　　　）三种。

2. 简答题

（1）在选择测试天线时要重点关注的指标有哪些？并简述其作用。

（2）简述参考频率、杂散发射、峰包功率及载波功率的定义。

（3）简述杂散发射测试的测试步骤。

3. 计算题

（1）频管人员收到一份 10 W 发射机的申请书（申请频率为 150 MHz）。该系统包括两组连接器，30 m RG-8U 电缆，增益为 6 dBi 的天线。计算台站的有效辐射功率（已知 150 MHz、30 m RG-8U 电缆将 RF 信号衰减 2.5 dB，每个连接器衰减 0.25 dB）。

（2）某 PHS 基站使用定向天线工作，天线增益为 12 dBi，前后比为 15 dB，发射机功率为 20 mW，馈线等损耗为 3 dB。求工作方向背向的等效全向辐射功率。

秩序管理篇

第 10 章　秩序管理概述

1. 了解无线电秩序管理的含义；
2. 理解无线电秩序管理的目的。

10.1　秩序管理的含义

当前，无线电新技术、新应用不断涌现，无线电技术和业务更加广泛地应用于经济社会的各个层面，成为经济和社会发展的重要驱动力。然而无线电频谱资源紧张的状况日益突出，各类干扰无处不在，并且无法完全避免，无线电管理工作的艰巨性日益凸显。无线电管理部门作为"电波卫士"，通过信号监测和监督检查，维护着空中电波的秩序，保障合法台站能正常使用。

无线电秩序管理是指通过技术手段对空中电波秩序依法实施管理，让各项无线电业务按照各自的频率各行其道、互不干扰，从而保障各项无线电业务正常运行。

无线电秩序管理的主要内容包括无线电监测、电磁兼容分析和无线电管制，具体内容如下：

（1）无线电监测：通过对特定区域的无线电信号进行搜索、测量、分析以及对辐射源测向和定位，以获取其技术参数、功能、类型、位置和用途，以此作为依据，实施对无线电信号的监管或对电子进攻实施支援。

（2）电磁兼容分析：通过测试分析，评估电子设备、系统或装置在电磁环境中运行时相互之间是否会产生不良影响或干扰，旨在确保设备之间的电磁兼容性。

（3）无线电管制：在特定时间和特定区域内，依法对无线电台（站）、无线电发射设备和遥控遥测无线电设备限制或禁止使用，对特定的无线电频率采取技术阻断等措施，以及对无线电波的发射、辐射和传播实施的强制性管理。

10.2　秩序管理的目的

无线电秩序管理的核心目的在于维护无线电系统的有序运作，防止有害干扰和资源浪费，具体目的如下：

（1）干扰防范：监测无线电信号，及时发现和解决可能导致通信干扰的问题，保障通信的质量和可靠性。

（2）设备合规：确保通信设备的设计、制造和使用符合国际、国内的技术标准和法规，防止不规范设备对频谱和其他设备造成干扰。

（3）频段协调：协调不同服务和系统之间的频段使用，以避免互相干扰，确保各类通信服务的顺利进行。

（4）安全管理：确保通信系统的安全运行，防止非法干扰和不当操作，维护通信网络的稳定性和安全性。

本章小结

（1）无线电秩序管理通过无线电监测、电磁兼容分析和无线电管制，维护电波秩序，确保各类业务井然有序，防止干扰和资源浪费。

（2）无线电秩序管理的核心目的包括干扰防范、设备合规、频段协调及安全管理，以保障通信系统的质量，维护通信网络的稳定性和安全性。

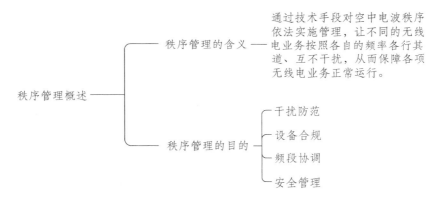

思考与练习

1. 什么是无线电秩序管理？

2. 为什么要进行无线电秩序管理？

3. 维护空中电波秩序是无线电管理机构独有的责任吗？

第 11 章　无线电监测

1. 了解无线电监测的目的和应用领域；
2. 了解无线电监测常用设备；
3. 理解无线电信号测量要点及测量原理；
4. 理解无线电测向定位原理；
5. 掌握无线电干扰识别与测向定位方法。

11.1　无线电监测概述

无线电监测是指采用先进的设备和技术手段对无线电管理地域内的无线电进行探测、搜索、截获，并对其进行识别、监视，获取其技术参数、工作特征和辐射位置等技术信息的活动。它是实施无线电频谱管理的重要手段和依据，为无线电频谱管理提供所需参数，也是频谱感知、电子对抗等技术的基础。

11.1.1　无线电监测的分类

无线电监测在民用和军用电磁频谱管理中都有着极其重要的地位，包括日常监测（常规监测）和专项监测。

1. 日常监测

日常监测指监测站日常工作中的各项监测活动，即依照频率指配条件来监测发射，主要包括：

（1）无线电台发射电波质量的监测，如对使用频率、发射带宽、信号场强、频率偏差、杂散发射、调制方式及调制制度的监测等。

（2）无线电频谱利用的监测，如对某一频率或频段进行长时间的占用度统计监测，对某些电台实际工作时间的统计监测等。

（3）未登记的不明信号的监测、测向和查找，如对违规用频的监测、测向和查找等。

（4）通信保密情况的监测，如对私自使用明话通信、乱用呼号的监测等。

2. 专项监测

专项监测指根据国家或军队的重大任务进行的监测活动，促进无线电合法使用、防范非法行为，维护国家和公共安全，主要包括：

（1）国家、军队重大科学实验和无线电管制的监测。

（2）重大体育赛事、活动等保障的无线电监测。

（3）各类突发事件中的电磁信号监测。

（4）战场无线电监测等。

11.1.2　无线电监测的工作内容

1. 信号测量

对无线电管理地域内的无线电信号工作参数进行实时监视，包括监视无线电信号的工作频率、带宽、通信体制、调制方式、信号技术参数、工作特征等内容。

2. 干扰识别

通过获取到的无线电信号技术特征参数、工作特征变化等信息的分析，查明被测无线电通信设备的类型、部署、数量和变化情况，以及无线电通信网络的组成、指挥关系和联络规律。

3. 测向定位

测定无线电管理地域内无线电信号的来波方位，并通过一定的技术手段确定被测无线电辐射源的地理位置。

11.1.3　无线电监测的工作流程

无线电监测任务分为日常监测和专项监测。

1. 日常监测

日常监测指监测站日常工作中的各项监测活动，即按频率指配表监测已核准电台的有关参数，并建档存库。日常监测的目的一般包括：为无线电管理部门实施频率划分、分配、指配等提供监测数据依据；对监测机构所在地的无线电台（站）使用情况进行监管；积累本地电磁环境数据；及时发现影响正常业务使用的非法发射和无线电干扰等。其工作流程如图 11-1 所示。

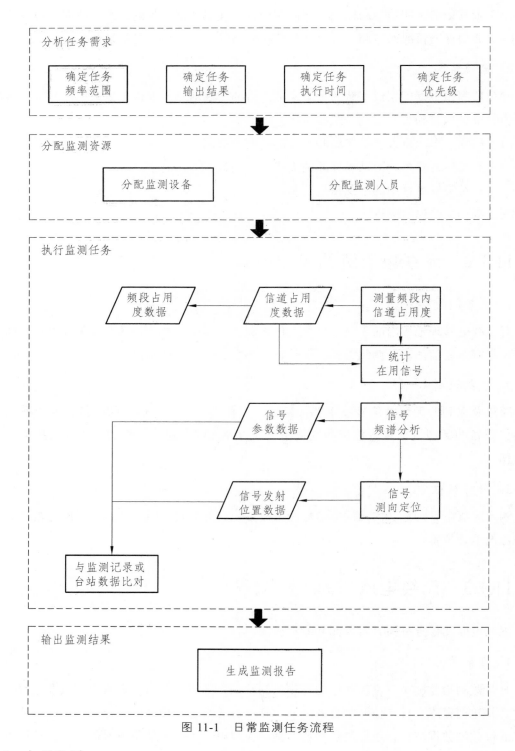

图 11-1 日常监测任务流程

2. 专项监测

专项监测指根据国家重大任务进行的监测活动，一般包括国家重大科学实验和无线电管制的监测、大型活动保障监测、各类突发事件中的电磁信号监测等。专项监测具有针对监测对象、监测区域、监测时间的特定要求，目的较为明确。其工作流程如图 11-2 所示。

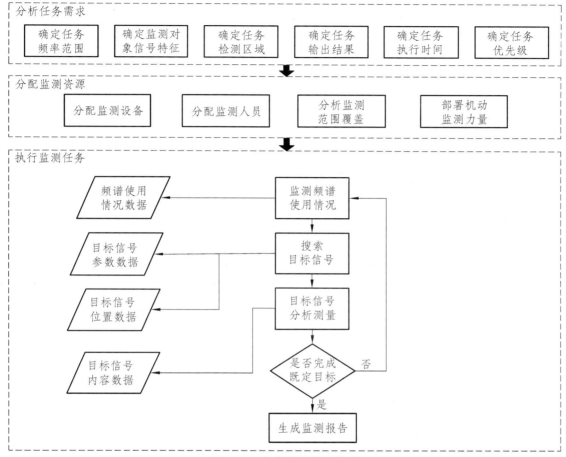

图 11-2　专项监测任务流程

11.1.4　无线电监测设施

无线电监测设施能够对发射进行识别和定位，并能测量发射的基本特性，通常分为固定监测站、移动监测站和可搬移监测站。

1. 固定监测站

固定监测站一般建在远离城市的农村地区，有足够的土地面积以容纳所有需要的天线，可采用高性能的全向天线。如果固定站位于城区内或城区附近，可以使用一个垂直和一个水平极化的中等增益全向通用监测天线系统。固定监测站主要配置测量、测向、监听、控制、天馈、视频图像监视、信号分析与识别、信息记录等系统，还包括通信、电源、防雷接地、环境监控等辅助系统。固定监测站具有无线电发射基本参数测量功能，分为大型固定监测站（Ⅰ级固定站和Ⅱ级固定站）和小型固定监测站（Ⅲ级固定站）。

2. 移动监测站

移动监测站是将监测设备固定架设在交通工具上，用于弥补固定站覆盖不足、覆盖盲区问题。

3. 可搬移监测站

可搬移监测站是将监测设备与交通工具相对独立，在需要时可通过任何交通工具将设备运送到指定点，可以临时架设起来，作为固定站使用。

为了在监测活动中提供更大的灵活性，多数监测站（特别是移动监测站）还可以装备便携式设备，如频谱分析仪、小尺寸的测量天线、便携式接收机和手持式定位天线。

11.2 无线电信号测量

在频谱监测的框架下，测量的基本目的是能够表征电磁场或信号特性（频率、幅度、相位、带宽等）。

11.2.1 带宽测量

带宽测量有两种方式：直接测量和间接测量。

1. 直接测量法

直接测量法为借助测量仪器直接测量占用带宽，用于一般信号的测量。

频率上、下限的差值叫作占用带宽，如图 11-3 所示。

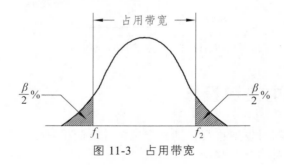

图 11-3 占用带宽

直接测量法测量带宽步骤如下：

（1）估测信号的中心频率；将仪器调谐到待测量信号的中心频率。

（2）调整好信号的动态显示范围；调整电平/衰减，使信噪比大于 26 dB。

（3）根据带宽估值设置仪器的相关参数。

（4）开启仪器的最大保持功能。

（5）进行带宽测量，测量时间为 5 ~ 6 min（或测量次数 400 次左右）。

（6）待数据值稳定后，读取并记录测得的带宽值。

2. 间接测量法

间接测量法为借助仪器测量"$x\,\mathrm{dB}$"带宽,进而估算占用带宽的方法,此方法适用于带内干扰电平高于有用信号电平的情况。

"$x\,\mathrm{dB}$"带宽:频带的宽度,使得在其上限和下限之外任何离散频谱分量或连续频谱功率密度至少比预先设定的参考零电平低 $x\,\mathrm{dB}$,如图 11-4 所示。

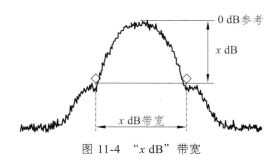

图 11-4　"$x\,\mathrm{dB}$"带宽

间接测量法测量带宽的步骤如下:

(1)估测信号的中心频率,将仪器调谐到待测量信号的中心频率。

(2)调整好信号的动态显示范围。

(3)根据带宽估值设置仪器的相关参数。

(4)开启设备的最大保持功能。

(5)测量时间为 5~6 min,等待信号的最大保持频谱图趋于稳定。

(6)确定信号的零参考电平。

(7)将 mark 相对零参考电平下调 $x\,\mathrm{dB}$,找出边带两边下调 $x\,\mathrm{dB}$ 处的频率 f_L、f_H,信号的带宽值即为 f_L 与 f_H 之间的频率差值。

11.2.2　场强测量

场强通常指电场矢量大小,一般以伏每米表示;也可指磁场矢量大小,一般以安每米表示。无线电信号的场强测量类型包括固定测量和移动测量。

1. 固定测量

固定测量可以使用便携式测量设备在一点或多点进行测量,获取相对瞬时或短期的数据;也可以在固定监测站进行短期或长期测量,用计算机对所测数据进行存储、分析。

固定测量场强的步骤如下:

(1)确保固定监测站的测量场地、测量仪器和天线分别满足要求。

(2)按要求架设天线。

(3)按要求连接测量系统,如图 11-5 所示。

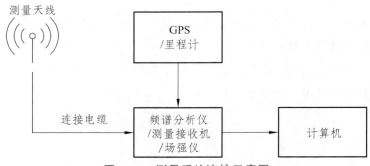

图 11-5　测量系统连接示意图

（4）测量设备通电预热 30 min 后，根据信号特征按要求设置测量仪器的分辨率带宽和检波方式。

（5）在要求的测试频点或频段范围内扫描搜索信号。

（6）按要求读取和处理测量数据并记录结果。

2. 移动测量

移动测量为使用移动设备进行测量，在车辆移动的过程中实时测量场强，获取无线电覆盖区域的统计参数。

移动测量场强的步骤如下：

（1）按要求选择测量场地、测量仪器和天线。

（2）选择全向天线，并按要求架设在车顶。

（3）按要求连接测量系统，如图 11-5 所示。

（4）测量设备通电预热 30 min 后，根据信号特征按要求设置测量仪器的分辨率带宽和检波方式。

（5）监测车按照选好的路径行进，保持要求车速。

（6）在 40 个波长的距离内以 0.8 个波长的间隔选择 50 个测量点。

（7）通过安装在监测车上的里程计或者 GPS 接收机进行采样触发，按选定的采样间隔获得各个测量点的数据。

（8）按要求读取和处理测量数据并记录结果。

11.2.3　频率占用度测量

无线电频率占用度包括信道占用度和频段占用度。

1. 信道占用度

信道占用度 F_{CO} 是利用设备对连续的或离散的信道进行扫描测量，信号幅度大于某一门限电平值的持续时间 T_f 与总测量时间 T 的百分比。其基本计算公式如下：

$$F_{CO} = \frac{T_f}{T} \times 100\%$$

式中　F_{CO}——信道占用度；

　　　T_f——信号幅度大于某一门限电平值的持续时间；

　　　T——总测量时间。

2. 频段占用度

频段占用度是基于某一频段的信道占用度进行计算的，占用度数据大于判决门限的信道即认为被占用。被占用的信道数与该频段总信道数之比，即为频段占用度。其基本计算公式如下：

$$F_{BO} = \frac{N_f}{N} \times 100\%$$

式中　F_{BO}——频段占用度；

　　　N_f——占用度大于判决门限的信道数；

　　　N——总信道数。

无线电频率占用度完整测量流程如下：

（1）测量、存储和汇总数据。

（2）统计分析处理数据，将测量数据转化为有用的信息。

（3）数据和信息的展示，包括表格、图形、基于地图的展示等。

11.2.4　调制参数测量

调制参数测量是指通过技术手段获取信号波特率、载波频偏等调制参数的过程。

1. 波特率估计

波特率表示单位时间内传送的码元符号的个数，它是对符号传输速率的一种度量，其单位为波特（Baud，单位符号 Bd）。在无线电监测领域，波特率的估计一般有瞬时幅度谱法、瞬时频率的 N 次方谱法、瞬时频率的过零点谱法、调制信号的 N 次方谱法、谱相关方法和 Haar 小波变换谱法，其适用信号和适用环境如表 11-1 所示。

表 11-1　波特率参数估计方法

估计方法	适用信号	适用环境
瞬时幅度谱法	二维线性调制信号	AWGN（加性高斯白噪声信道）或多径衰落信道
瞬时频率的 N 次方谱法	FSK 信号	理想的 AWGN 信道
瞬时频率的过零点谱法	FSK、二维线性调制信号	理想的 AWGN 信道
调制信号的 N 次方谱法	PSK、QAM、π/2DBPSK、π/4DQPSK	AWGN 或多径衰落信道
谱相关法	FSK、二维线性调制信号、OQPSK、π/2DBPSK、π/4DQPSK	AWGN 或多径衰落信道
Haar 小波变换谱法	FSK 信号	AWGN 或多径衰落信道

2. 载波频率估计

无线信号的传输过程，并不是将信号直接进行传输，而是将信号负载到一个固定频率的波上，这个波被称为载波，其频率为载波频率。载波频率估计对研究非平稳信号具有重要意义。在无线电监测领域，载波频率估计一般有功率谱法、瞬时频率的直方图法、瞬时频率的平均值法、调制信号的 N 次方谱法和谱相关函数法，其适用信号和适用环境如表 11-2 所示。

表 11-2　载波频率估计方法

估计方法	适用信号	适用环境
功率谱法	任何调制信号	AWGN 或多径衰落信道
瞬时频率的直方图法	FSK 信号	AWGN 或多径衰落信道
瞬时频率的平均值法	FSK 信号	AWGN 或多径衰落信道
调制信号的 N 次方谱法	PSK、QAM、 $\pi/2$DBPSK、$\pi/4$DQPSK	AWGN 或多径衰落信道
谱相关函数法	ASK、BPSK、OOK	AWGN 或多径衰落信道

3. 频率间隔估计

在无线电监测领域，载波频率估计一般有功率谱法和瞬时频率的直方图法，其适用信号和适用环境如表 11-3 所示。

表 11-3　频率间隔估计方法

估计方法	适用信号	适用环境
功率谱法	FSK 信号，多载波信号	AWGN 或多径衰落信道
瞬时频率的直方图法	FSK 信号	AWGN 或多径衰落信道

11.3　无线电干扰识别

11.3.1　干扰识别基础

1. 干扰的含义及危害

无线电干扰指电磁能量通过直接耦合或间接耦合方式进入接收系统或信道，导致有用接收信号质量下降、信息产生误差或丢失，甚至阻断通信的现象。无线电干扰会使无线电通信接收设备性能下降、误解或信息丢失。随着我国无线电事业的迅猛发展，无线电信号技术、新业务的广泛使用，无线电台（站）数量的急剧增加，无线电干扰现象日益严重，特别是对航空通信、水上通信等安全业务的干扰，直接威胁到社会稳定、国家和人民生命财产的安全。

2. 干扰现象

波形或频谱异常：接收无线电信号时，所接收到的信号波形和频谱与正常波形和频谱不一致。

数据异常：接收正常无线电信号时，对所接收到的无线电信号进行数据分析，分析结果与正常结果不一致。

音频异常：监听某无线电信号时，其解调音频出现断续、多音频叠加或存在噪声干扰，与正常解调声音不一致。

电视画面异常：监视某一路模拟电视信号时，其电视画面出现黑屏、闪烁、花屏等现象；或监视某一路数字电视信号时，电视画面出现静帧、马赛克、黑屏等现象。

3. 干扰的分级

为了便于无线电管理，按干扰程度分级，一般可将无线电干扰分为以下几级：

（1）允许的干扰：在给定的条件下，引起接收质量降低尚不明显，但该干扰在系统规划时应加以考虑。允许干扰的程度通常在 CCIR 的建议和其他国际协议中规定。

（2）可接受的干扰：在给定的条件下，具有较高程度的干扰，它使接收质量有中等程度的降低，由有关主管部门来认定它是可接受的。

（3）有害的干扰：已使无线电通信业务严重降低质量，引起阻塞或反复阻断。

11.3.2　干扰识别的方法

对监测截获的无线电信号进行分析识别，是无线电检测工作的一个重要环节，旨在深入了解信号的特性和源头。该过程一般涉及以下内容。

1. 频谱分析

频谱分析是对信号在频率域上的特性进行研究，通过测量信号在不同频率上的能量或功率分布，以获取信号的频率成分、带宽和调制方式等频谱信息，用于区分不同通信系统或设备所使用的频段。频谱分析通常包括频谱测量、频谱图谱和信号类型识别。

（1）频谱测量指使用频谱分析仪等设备，对信号进行扫描和采样，记录在不同频率上的信号强度或功率。

（2）频谱图谱指通过测量数据，生成频谱图谱，将频率与信号强度关联，以可视化方式展示信号在频率域上的分布情况。

（3）信号类型识别指根据频谱图谱，可以识别不同类型的信号，如调频广播、调幅通信或雷达脉冲，通过特征模式来区分不同的无线电信号。

2. 时域分析

时域分析是对信号的时域特性进行研究，通过观察信号的时序波形，了解信号在时间上的变化和特征。时域分析通常包括波形观察、脉冲分析和窗函数应用。

（1）波形观察指对信号进行时域观察，分析波形的振幅、频率、脉宽等特征。

（2）脉冲分析特别适用于脉冲信号，分析脉冲的宽度、重复频率，有助于识别雷达信号等。

（3）窗函数应用指使用窗函数来观察信号的瞬时特性，如窗口内的瞬时频率变化。

3. 调制识别

调制识别是对信号的调制域特性进行分析，以区分信号的调制类型。

1）类间识别

类间识别主要判别调制信号属于线性调制数字信号、FSK 信号，还是多载波信号，其流程如图 11-6 所示。

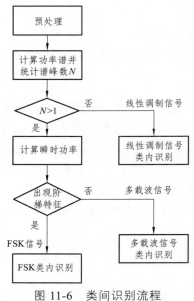

图 11-6　类间识别流程

2）线性调制信号类内识别

线性调制信号类内识别主要考虑 BPSK、QPSK、8PSK 三种调制类型的识别，识别流程如图 11-7 所示。

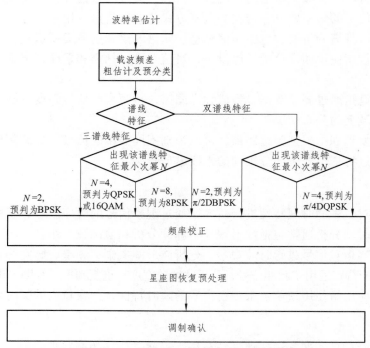

图 11-7　线性调制信号类内识别流程

3）单载波 FSK 信号类内识别

单载波 FSK 信号类内识别主要考虑 2FSK、4FSK、8FSK 三种通用调制类型的识别，其识别流程如图 11-8 所示。

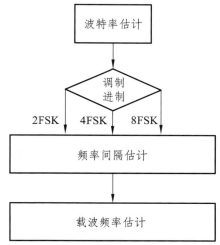

图 11-8　单载波 FSK 信号类内识别流程

4）多载波信号调制类型识别

对于多路数字信号的调制类型识别，首先要确定载波数目，之后进行单路滤波，接下来按照图 11-6 所示的流程进行类间识别，最后进行类内识别，其识别流程如图 11-9 所示。

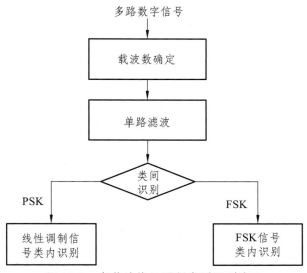

图 11-9　多载波信号调制类型识别流程

11.3.3　干扰判定流程

当出现干扰现象时，首先进行初步判定，接着进行信号特性判定，最后判定干扰类别。其中，特性判定包含频谱特性、时域特性、调制域特性及出现规律判定。

初步判定：当出现符合干扰现象，怀疑某无线电信号异常时，查阅《中华人民共和国无线电频率划分规定》，并检索相关数据库，明确该频点的无线电业务类别及合法信号的频域、时域、调制域特性。

频谱特性判定：当监测频谱出现异常，正常信号频谱中间有其他频谱分量或在正常信号频谱附近噪声提升时，视为出现干扰。

时域特性判定：利用示波器等时域监测、分析仪器对无线电信号进行时域特性分析，当信号的时长、出现间隔等变化规律与正常合法信号不一致时，应视为出现干扰。

调制域特性判定：利用具有分析调制域参数的设备对调制信号进行分析，当调制方式、符号速率、载波频率、载噪比、误码率等调制域特性与正常合法信号不一致时，应视为出现干扰。

出现规律判定：当对稳态信号进行分析时，应对该信号进行一段时间的观察，并与正常合法信号进行比对。排除接收设备异常的情况下，当该信号与正常合法信号的出现规律明显不同时，应视为出现干扰。

当无线电信号较为复杂时，应通过相关先进技术对信号进行分析。如循环谱特征、瞬时幅度谱特征、小波变换谱、小波变换差分谱等特征对信号进行分析，再判定该信号是否为干扰信号。

11.3.4　干扰类别及判定

无线电干扰一般分为同频干扰、邻频干扰、带外干扰、互调干扰和阻塞干扰五种形式。

凡是无用信号的频点与有用信号的频点相同，并对接收同信道有用信号的接收机造成的干扰，称为同频干扰。当监测到被干扰频率上同时存在两个或两个以上的无线电信号时，判定该干扰为同频干扰。

干扰台（站）邻信道功率落入接收邻信道接收机通带内造成的干扰，称为邻频干扰。测量受干扰频率相邻若干信道上无线电信号的频偏和功率，当出现相邻信道无线电信号的部分频率落入受干扰频率时，判定该干扰为邻频干扰。

发射机的谐波或杂散辐射在接收有用信号的通带内造成的干扰称为带外干扰。利用监测设备进行宽频段范围内搜索查找，若搜索到的无线电信号与干扰信号的变化同步，判定该干扰为带外干扰。

当两个或两个以上的频率信号同时输入发射机或接收机时，由于电路的非线性而产生其他频率分量，若这些频率分量恰好落入某个接收机的工作频段内，则造成的干扰称为互调干扰。当受干扰频点的奇数阶互调分量处出现与干扰信号同步的信号时，判定该干扰为互调干扰。

当强干扰信号与有用信号同时加入接收机时，强干扰会使接收机链路的非线性器件饱和，产生非线性失真，造成对有用信号增益的降低或噪声提高，称为阻塞干扰。若接收天线附近有非同频的大功率发射，条件允许的情况下，限制邻频发射机带宽或直接将其关闭，若干扰消失，则判定该干扰为阻塞干扰。

11.4　无线电测向与定位

11.4.1　测向定位基础

无线电测向定位主要指在无线电频谱管理中，对未知干扰源的测向与定位。其中测向是指依据电磁波传播特性，使用仪器设备测定无线电波来波方向的过程。定位是指确定目标台（站）（辐射源）大致地理位置的过程。

11.4.2　测向方法

为了实现对目标辐射源来波方位的测量，从测量技术的本质来看，所有测向设备都是利用天线输出信号在振幅或相位上反映出来的与目标来波方位有关的特性来测量，较现代化的测向技术则是同时利用其振幅和相位特性进行测量。因此，从获取信息的原理上看，无线电测向技术可以分为三大类：利用测向天线输出感应电压的幅度来进行测向的"振幅法测向"；通过测量电磁波波前到达两副或多副天线的时间差或相位差来进行测向的"相位法测向"；利用电磁波场全部信息进行测向的"空间谱估计测向"。

1. 振幅法测向

振幅法测向是根据测向天线上感应的电压幅度具有确定的方向特性，当天线旋转或等效旋转时，其输出电压幅度按极坐标方向图而变化这一原理来进行测向，因而振幅法测向又被称为极坐标方向图测向。振幅法测向还可以进一步分为三类：最小信号法测向、最大信号法测向和比幅法测向。

1）最小信号法测向

最小信号法测向又称为小音点测向或"消音点"测向，它要求测向天线的极坐标方向图具有一个或多个零接收点。测向时旋转天线，当测向机输出的信号为最小值或听觉上为小音点（"消音点"）时，说明天线极坐标方向图的零接收点对准了来波方位，根据此时天线的转角就可以确定目标信号的来波方位值。由于在极坐标方向图的零接收点附近天线输出信号的强度变化急剧，天线旋转很小的角度就能引起信号的幅度发生很大的变化，因而其测向精度相对于最大信号法测向来说要高得多；但是在信号的最小值点及其附近，信噪比的降低也将引起测向精度的降低。

2）最大信号法测向

最大信号法测向要求天线具有尖锐的方向特性，测向时旋转天线，当测向机的输出端出现最大信号值时，说明天线极坐标方向图主瓣的径向中心轴指向来波方位，根据此时天线主瓣的指向就可以确定目标信号的来波方位值。示向度值是在天线接收信号为最大值时获取的，因此它具有对微弱信号的测向能力，但测向精度较低。

3）比幅法测向

比幅法测向利用测向天线阵方向特性对不同方向来波接收信号幅度，从而测定来波方向。

比幅法测向中应用最广泛的是沃特森-瓦特体制，该体制的优点是对波道干扰不敏感、测向速度快，易于实现，但是该体制测向精度和测向灵敏度低、抗波前失真的能力弱，所以特别适合在手持、车载式的小型测向设备上使用。

2. 相位法测向

相位法测向是通过测量电波到达测向天线体系中各天线元上感应电压之间的相位差来进行测向。电波在各天线元上所感应的电压幅度相同，但由于各天线元配置的位置不同，因而电波传播的路径不同，引起传播时间的不同，最后形成感应电压之间的相位差。在实际应用的测向方法中，干涉仪测向和时差法测向都属于相位法测向的范畴。

1）干涉仪测向

干涉仪分为相位干涉仪和相关干涉仪两类。相位干涉仪没有预先建立的样本库，而通过波达相位差求解；相关干涉仪须预先将方位角和俯仰角按一定分辨率建立样本库，将来波的相位差矢量与样本库一一对比。

2）到达时差法测向

到达时差法测向依据电波在行进时通过测量电波到达测向天线阵各个测向天线单元时间上的差别，确定电波到来的方向。其测向准确度高，测向速度快，灵敏度高，对测向场地环境要求低。但到达时差法测向要求来波信号是快速时变信号，且有固定的调制方式，而在数字调制广泛应用的情况下，很难满足其对调制方式的要求，因此应用较少。

3）乌兰韦伯尔测向

乌兰韦伯尔测向采用大基础测向天线阵，在圆周架设多副测向天线，来波信号经过可旋转的角度计、移相电路、合差电路，形成合差方向图，而后将信号馈送给接收机。通过旋转角度计，旋转合差方向图，测找来波方向。多普勒测向机基于测量信号的频率差来获得来波方向。其测向灵敏度高，测向准确度高，测向分辨率高，抗波前失真、抗干扰性能好，但由于乌兰韦伯尔测向机要求数十根天线、馈线电特性完全一致，加之角度计设计、工艺要求高，并需要大面积平坦、开阔的天线架设场地，这无疑增加了造价和工程建设的难度。带来的问题是造价高，测向场地要求高。

4）多普勒测向

多普勒测向依据电波在传播中遇到与它相对运动的测向天线时，被接收的电波信号产生多普勒效应，测定多普勒效应产生的频移，可以确定来波的方向。为了得到多普勒效应产生的频移，必须使测向天线与被测电波之间做相对运动，通常是以测向天线在接收场中，以足够高的速度运动来实现的。当测向天线完全朝着来波方向运动时，多普勒效应频移量（升高）最大。多普勒测向可以采用中、大基础天线阵，测向灵敏度高，准确度高，没有间距误差，极化误差小，可测仰角，有一定的抗波前失真能力。多普勒测向体制的缺点是抗干扰性能较差。

3. 空间谱估计测向

空间谱估计测向在已知坐标的多元天线阵中，测量单元或多元电波场的来波参数，经过多信道接收机变频、放大，得到矢量信号，将其采样量化为数字信号阵列，传送给空间谱估计器，运用确定的算法求出各个电波的来波方向、仰角、极化等参数。空间谱估计测向充分利用了测向天线阵各个阵元从空间电磁场接收到的全部信息，可以实现对几个相干波同时测向，可以对同信道中同时存在的多个信号同时测向，并可以实现超分辨测向，适用于对跳频信号测向，具有高测向灵敏度和高测向准确度，且对场地环境的要求不高。

11.4.3　定位方法

定位一般以测向为基础，按照使用设备类型，可将定位分为有源定位和无源定位。有源定位指使用有源设备来对反射其信号的目标进行定位，其精度较高，但其发射信号隐蔽性差。无源定位可以克服有源定位的上述缺点，通过对目标上辐射源信号的截获，测量获得目标的位置和航迹，它具有作用距离远，隐蔽性好等优点，因而具有极强的生存能力和反隐身能力。按照使用台站数量，可将定位分为单站定位、双站交会定位、三站交会定位和多站交会定位。

1. 单站定位

单站定位又称为垂直三角交会定位，它一般用于确定 HF 波段通过天波传播的远距离目标辐射源地理位置。实现单站定位的前提条件是测向设备能同时测量天波信号的来波水平方位角和仰角。

2. 双站交会定位

双站交会定位是常用的定位方式，如图 11-10 所示。通常两测向站 $DF_1(x_1，y_1)$ 和 $DF_2(x_2,y_2)$ 的地理位置已知，两者对目标辐射源实施测向后得到的示向度值分别为（ϕ_1, ϕ_2），则两条示向度线的交会点 T 就被认为是目标辐射源所处的地理位置，其坐标记为 $T(x_T,y_T)$。对于 $T(x_T,y_T)$ 的确定，既可以采用三角学的方法计算出来，也可以在地图上通过人工交会的方法求出。

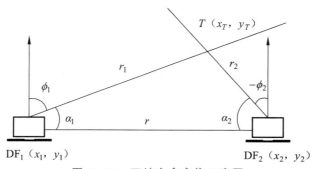

图 11-10　双站交会定位示意图

3. 三站交会定位

由不同位置的三个测向站对同一目标辐射源进行测向定位，如果不存在误差，则三条示向度线将交会于一点，这就是真实目标辐射源所处的位置。实际测向中误差总是不可避免地存在，所以三条示向度线一般不会交于一点，而是分别两两相交，有三个交会点，由这三个交会点来估计目标辐射源的位置，比双站交会定位的精度会有显著的提高。

如图 11-11 所示，设三个测向站 DF_1、DF_2、DF_3 的地理位置分别为 (x_1, y_1)、(x_2, y_2) 和 (x_3, y_3)，三者对目标辐射源实施测向后得到的示向度值分别为（ϕ_1, ϕ_2, ϕ_3），则三条示向度线通常可以交会出三个交会点。设三个交会点分别为 (x_{12}, y_{12})、(x_{23}, y_{23})、(x_{13}, y_{13})，由这三个交会点可以估计目标辐射源所处的地理位置 $T(x_T, y_T)$。对于 $T(x_T, y_T)$ 的确定，既可以采用三角学的方法计算出来，也可以在地图上通过人工交会的方法求出。

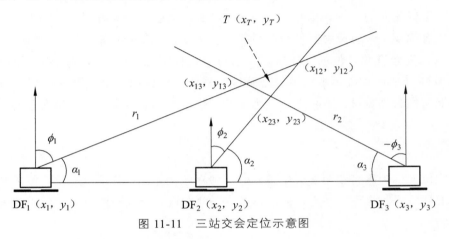

图 11-11　三站交会定位示意图

4. 多站交会定位

为了更精确、更全面地获取被监测辐射源的位置，一般需组建测向网（或称测向系统）实现多站交会定位。

在不同位置的多个测向站对同一个目标台（站）进行测向，计算目标台（站）的最大概率位置。

11.4.4　测向定位的工作流程

根据实际干扰情况的不同，宜采用固定监测站、可搬移/小型监测站、移动监测车/便携式监测测向设备对干扰信号实施监测和测向定位。具体工作流程如图 11-12 所示。

第一步，分析干扰申诉单中无线电干扰信号的情况，利用固定监测站进行初期监测，确定干扰信号是否存在。

第二步，在固定监测站未监测到干扰信号的情况下，应到受干扰现场进行测量。若现场测量为无线电台（站）或设备自身造成的干扰，确定干扰的具体类别，并完成现场测量报告；否则应驾驶移动监测车或利用便携式监测测向设备沿干扰信号来波方向进行测向和场强逼近查找。在固定监测站监测到干扰信号的情况下，应根据分析和监测情况确定可用的监测、测量设备及天馈系统等，并完成干扰的判定和类别分析。

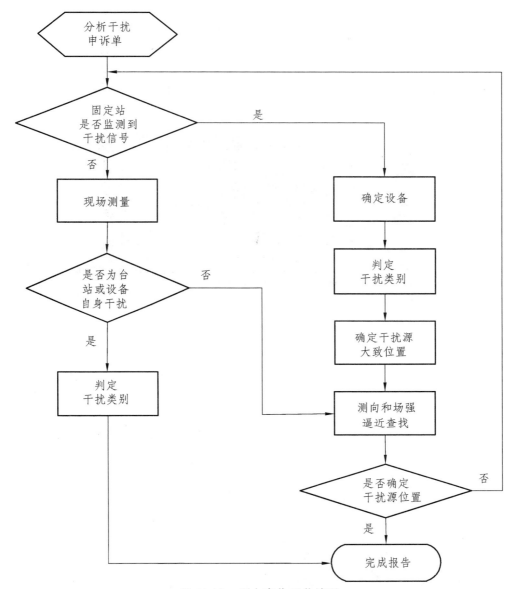

图 11-12 测向定位工作流程

第三步，组织固定监测站人员进行干扰信号的测向和定位。

第四步，固定监测站无法确定干扰源大致位置的情况下，可架设可搬移式/小型监测站进行补点测向，多站交汇确定干扰源的大致位置。

第五步，确定干扰源大致位置后，应利用移动监测车/便携式监测测向设备实施测向和场强逼近查找。

第六步，最终查找到干扰源，完成测试报告并将资料整理归档。

第七步，若仍然无法最终定位干扰源位置，则应从步骤二重复上述流程。

11.5 无线电监测常用设备

1. 频谱分析仪

频谱分析仪是研究电信号频谱结构的仪器，用于信号失真度、调制度、谱纯度、频率稳定度和交调失真等信号参数的测量，是一种多用途的电子测量仪器，如图11-13所示。

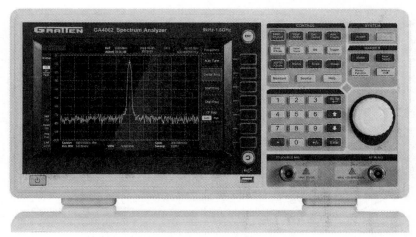

图11-13 频谱分析仪

2. 场强仪

场强仪是测量场强的仪器。场强是电场强度的简称，它是天线在空间某点处感应电信号的大小，以表征该点的电场强度。其单位是微伏/米（μV/m），为方便使用，也有用dB μV/m（0 dB=1 μV），如图11-14所示。

图11-14 场强仪

3. 测量接收机

测量接收机是一种用于物理学、工程与技术学、无线电领域的计量仪器，可用于功率测量、电平测量、衰减测量、信号频谱分析、模拟信号解调、数字信号解调分析等，如图11-15所示。

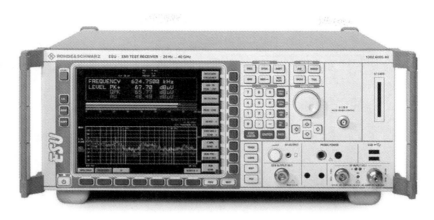

图 11-15　测量接收机

本章小结

（1）无线电监测是指采用先进的设备和技术手段对无线电管理地域内的无线电进行探测、搜索、截获，并对其进行识别、监视，获取其技术参数、工作特征和辐射位置等技术信息的活动。

（2）无线电监测在民用和军用电磁频谱管理中都有着极其重要的地位，包括日常监测（常规监测）和特殊监测。

（3）无线电监测的工作内容包括信号测量、干扰识别和测向定位。

（4）无线电监测网通常由监测控制中心、固定监测站、移动监测站、搬移式监测站及便携式监测设备组成。

（5）无线电信号测量包括带宽、场强、频率占用度和调制参数的测量。

（6）无线电干扰会使无线电通信接收设备性能下降、误解或信息丢失。无线电干扰一般分为同信道干扰、邻信道干扰、带外干扰、互调干扰和阻塞干扰五种形式。

（7）为了便于无线电管理，将无线电干扰进行分级管理，一般分为允许的干扰、可接受的干扰和有害的干扰。

（8）干扰分析识别一般通过频谱分析、时域分析和调制识别深入了解信号的特性和源头。常用的设备有频谱分析仪、场强仪、测量接收机等。

（9）无线电测向定位主要指通过分析未知干扰源的来波方向，确定干扰源的大致地理位置。

（10）从获取信息的原理上看，无线电测向技术可以分为振幅法测向、相位法测向和空间谱估计测向。

（11）定位一般以测向为基础，按照使用设备类型，可将定位分为有源定位和无源定位。

（12）按照使用台站数量，可将定位分为单站定位、双站交会定位、三站交会定位和多站交会定位。

（13）无线电测向设备按运载方式分为固定式和移动式（机载、舰载、车载和便携式）；按工作波段分为超长波、长波、中波、短波和超短波。

（14）无线电测向设备一般由四部分组成，即测向天线（阵）、测向信号预处理器、测向接收机和测向终端机。

（15）衡量测向设备质量优劣的指标主要有测向准确度、测向灵敏度、测向时效、工作频率范围和抗波前失真性。

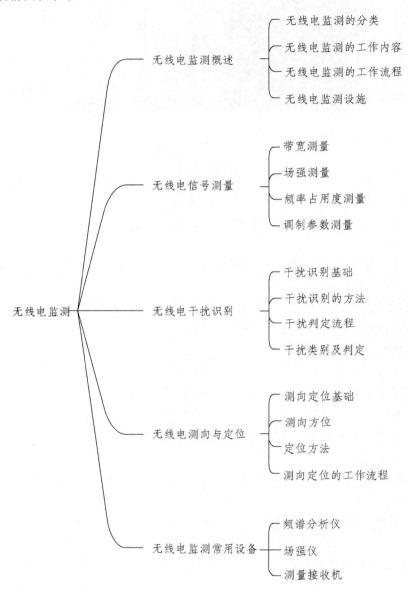

思考与练习

1. 填空题

（1）无线电监测包括（   ）和特殊监测。

（2）接收机互调是指多个（   ）信号同时进入接收机时，在接收机前端非线性电路作用下产生互调产物，互调产物落入接收机中频带内造成的干扰。

（3）无线电测向的目的是利用（　　　　　　　　　　）的传播特性确定任何电磁辐射源的位置。

（4）按测向机的工作原理，信号必须持续一定时间，才能测出方位角，此种过程的最短时间称之为（　　　　　　　　　　）。

（5）灵敏度是指接收机在一定信噪比下能够正常工作的（　　　　　　　　　　）。

（6）测向机的准确度是用可能出现的测量测向误差来表示，通常误差用（　　　　　　）表示。

（7）测向的时效性是指完成一次测向任务的全过程所需要的（　　　　　　　　　　）。

2．选择题

（1）多普勒测向机基于测量信号的（　　　）来获得来波方向。

    A. 幅度　　　　　　　　　　　　B. 相位

    C. 幅度和相位　　　　　　　　　　D. 频率差

（2）阻塞干扰的现象是（　　　），使接收机阻塞，不能正常接收信号。

    A. 接收天线附近有一个同频的大功率发射

    B. 接收天线附近有一个邻近频率的大功率发射

    C. 接收天线附近有一个非同频的大功率发射

（3）无线电测向是利用（　　　）来确定一个电台或目标的方向的无线电测定。

    A. 发射无线电波

    B. 发射无线电波后接收所发无线电波的反射波

    C. 发射无线电波后接收所发无线电波的衍射波

    D. 接收无线电波

（4）邻道干扰是由于（　　　），落到左、右邻道的功率超过了规定值，而对左、右邻道产生的干扰。

    A. 发射频率调偏　　　　　　　　B. 发射带宽超宽

    C. 发射带宽太小

3．判断题

（1）沃特森-瓦特测向体制的工作原理属于比幅测向体制。（　　　）

（2）在同一无线电区，尽管有很多电台同时工作，只要电台的工作频率分配得当，各台站的布局和覆盖系数合理，就不会产生互调干扰。（　　　）

（3）测向机的示向度是指从观测点的磁北方向，顺时针旋转到观测点与被测无线电发射源的连线方向之间的夹角。（　　　）

4．简答题

（1）衡量一部测向机性能好坏的主要性能指标有哪些？

（2）比较各种测向法的优缺点及适用场合。

第 12 章　电磁兼容分析

学习目标

1. 了解电磁兼容的概念、电磁兼容性分析的意义和方法；
2. 理解电磁干扰测试和电磁抗干扰测试的作用；
3. 掌握 4 种电磁干扰测试和 7 种电磁抗干扰测试的方法。

12.1　电磁兼容分析概述

随着科学技术的不断发展，微电子技术和电气化使用的日益广泛，形成了复杂的电磁环境。研究电磁环境中设备之间以及系统间相互关系的问题，促进了 EMC（Electromagnetic Compatibility，电磁兼容性）技术的迅速发展和电磁环境的逐步优化。

12.1.1　电磁兼容分析的概念

1. 电磁兼容

EMC 是指设备或系统在其电磁环境中符合要求运行并不对其环境中的任何设备产生无法忍受的电磁干扰的能力，是电气设备和系统在其电磁环境中正常运行的能力，其目标是不同设备在共同的电磁环境中正常运行。

从 EMC 的概念可以看出，EMC 包括两层含义：一是系统或设备在所处的电磁环境中能正常工作，二是不会对其他系统和设备造成干扰，即 EMC 包括 EMI（Electromagnetic Interference，电磁干扰）和 EMS（Electro Magnetic Susceptibility，电磁抗扰度）两部分，如图 12-1 所示。

2. 电磁兼容分析

电磁兼容分析是围绕无线电设备或系统之间相互影响展开的，从而判断设备或系统之间是否相互兼容。根据 EMC 的定义，电磁兼容分析包括两个关键值，即测试干扰值与标准干扰限值，通过对这两个值的比较就可以得到电磁兼容分析结果。电磁兼容分析基本流程如图 12-2 所示。

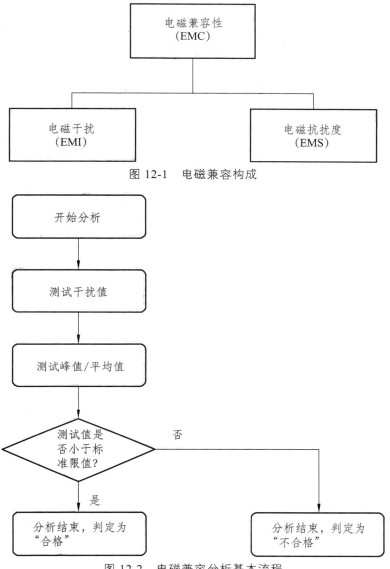

图 12-1　电磁兼容构成

图 12-2　电磁兼容分析基本流程

　　电磁兼容分析过程中，不同类型的产品可能有不同的限值，具体数值要结合产品专用标准或产品类标准来查找确定，具体标准主要参考来源有 IEC 61000[有关电磁兼容性（EMC）的国际标准系列]、CISPR（国际电磁干扰标准）和 GB 17625（中国关于电磁兼容性测试方法的标准）。

12.1.2　电磁兼容分析的意义

EMC 技术研究涉及的频率范围宽 0 ~ 400 GHz，几乎人类生产生活所涉及的频率范围都与 EMC 有关。随着现代电子技术与计算机应用的快速发展，电气电子装置中包含的功率半导体器件数量呈指数级增加，大量的电力电子装置在同一电磁环境下工作并且互相产生电磁干扰。随着工作频率的增加，精度要求越来越高，电力电子装置中各电子元器件的连接方式也越来越复杂，电力电子装置 EMC 问题的严峻程度已经不容忽视。EMC 分析对现代社会和电子设备的正常运行具有非常重要的意义，主要体现在以下几个方面：

1. 保障设备正常工作

EMC 分析的主要目标是确保电子设备在电磁环境中能够正常工作。当电子设备受到外界电磁场的干扰时，可能引起设备的故障、误操作或性能下降，甚至导致设备完全失效。通过进行 EMC 设计和测试，可以减少设备之间的相互干扰，保障设备正常工作。

2. 减少对其他设备和系统的干扰

电子设备在工作时会产生电磁辐射，这些辐射可能对周围的其他设备和系统造成干扰。例如，无线通信设备的电磁辐射可能影响附近的电视、收音机或其他无线设备的接收质量。通过控制电磁辐射的强度和频谱分布，可以减少对其他设备和系统的干扰，维护整个电磁环境的稳定。

3. 保障人体健康和安全

某些电子设备在工作时可能产生较高的电磁辐射，对人体健康和安全构成潜在风险。例如，医疗设备、工业设备或电力设备的电磁辐射可能对操作人员或周围人员的健康产生负面影响。通过合理设计和控制电磁辐射，可以降低对人体健康和安全的风险，保障人员的身体安全。

4. 符合法规和标准要求

许多国家和地区都制定了关于 EMC 的法规和标准，要求电子设备在销售和使用过程中满足一定的 EMC 要求。通过进行 EMC 测试和认证，可以确保设备符合相关法规和标准的要求，遵守法律法规，确保产品的合规性和可销售性。

由于 EMC 与工业生产和质量管控密切相关，针对电气电子产品或系统 EMC 的技术要求，有关国际组织和各国政府纷纷制定了电气电子产品的 EMC 相关标准，如国际电工委员会标准（IEC）、欧洲电工标准化组织标准（CENELEC）、国际无线电特别委员会标准（CISPR）、美国联邦通信委员会标准（FCC）、国标（GB）等。

我国国家标准体系的基本框架与国际标准体系架构基本一致，其分类基本与国际标准分类相同，如图 12-3 所示。标准体系的架构由 4 个层次组成：基础标准、通用标准、产品类标准和专用产品标准。每个级别都包含 EMC 标准的两个方面：发射和抗扰度。根据产品的未来使用环境，通用标准进一步将标准要求（限制）分为 A 类（工业区）和 B 类（居住、商业、轻工业区）。

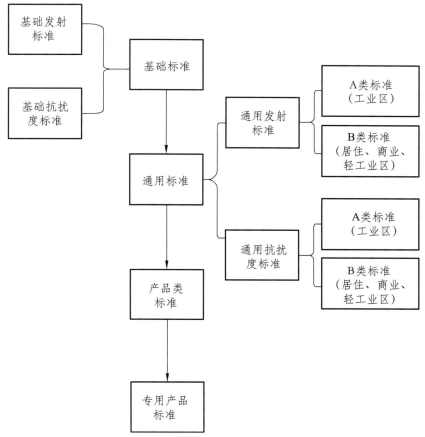

图 12-3 国家标准体系基本框架

12.2 电磁干扰测试

12.2.1 电磁干扰的概念

1. 电磁干扰的定义

电磁干扰（EMI）是指处在一定环境中的设备或系统，在正常运行时，不应产生超过相应标准所要求的电磁能量。如果出现超标情况，会对信号造成一定的影响，出现信号"毛刺"，如图 12-4 所示。

2. 电磁干扰的三要素

（1）干扰源：产生干扰的电路或设备。

（2）敏感源：受这种干扰影响的电路或设备。

（3）耦合路径：能够将干扰源产生的干扰能量传递到敏感源的路径。

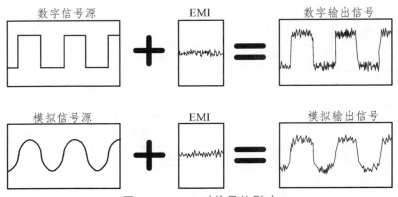

图 12-4　EMI 对信号的影响

产生 EMC 问题必须同时具备这三个要素，因此，只要将这三个要素中的一个去除掉，EMC 的问题就不复存在了。EMC 技术就是通过研究每个要素的特点，提出消除每个要素的技术手段，并提出这些技术手段在实际工程中的实现方法。

3. 电磁干扰的类型

EMI 有传导干扰和辐射干扰两种。

（1）传导干扰：电子、电气设备或系统内部的电压和电流通过信号线、电源线或地线传输出去而成为其他电子、电气设备或系统干扰源的一种电磁现象。

（2）辐射干扰：干扰源通过空间把其信号耦合（干扰）到另一个电网络。在高速 PCB（印制电路板）及系统设计中，高频信号线、集成电路的引脚、各类接插件等都可能成为具有天线特性的辐射干扰源，并发射电磁波，影响其他系统或本系统内其他子系统正常工作。

12.2.2　电磁干扰测试的意义

电子工程师在设计电子设备时，经常会被要求多关注 EMI 测试，这是因为电子设备在制造过程中进行 EMI 测试的重要性不能小觑。EMI 测试是检测设备在电磁环境下是否能正常工作以及是否对周围设备和环境产生不良影响的关键步骤。

1. 符合法规要求

各个国家和地区都有相关的法规和标准，电子设备需要经过 EMI 测试来确保其符合相关法规要求。没有通过 EMI 测试的设备可能无法上市销售，从而导致项目延期并造成损失。

2. 避免电磁干扰

电子设备通常与其他设备和系统同时运行，如果设备本身产生较强的电磁干扰，可能导致其他设备性能下降或失效，进而影响整个系统的稳定性。

3. 提高设备的可靠性

因设备本身的电磁干扰导致系统中其他设备性能下降或失效，这也会影响整个系统在使用过程中的可靠性。

4. 保护用户安全

EMI 问题会导致电子设备或系统在运行过程中出现各种故障，严重的还可能引起设备安全事故。EMI 测试可以在使用前及时发现问题，保护用户安全。

5. 降低生产成本

在设计阶段进行 EMI 测试可以及早发现和解决问题，避免在后期生产过程中因 EMC 问题导致的生产线调整和产品修复，从而降低生产成本。

12.2.3　电磁干扰测试及分析方法

EMI 测试的目的是检测电子产品所产生的电磁辐射对人体、公共电网以及其他正常工作电子产品的影响。EMI 测试的内容（见图 12-5）主要包括传导骚扰测试、辐射骚扰测试、谐波电流骚扰测试、电压变化与闪烁测试。

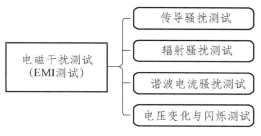

图 12-5　EMI 测试内容

1. 传导骚扰测试

1）传导骚扰测试基础

几乎所有具备电源线的产品都会涉及传导发射测试。测试时，通常用骚扰电压或骚扰电流的限值来表示，主要测量频率在 150 kHz ~ 30 MHz。

2）传导骚扰测试流程

在进行某些产品的传导骚扰测试时，根据标准规定，当得到的准峰值检波器测量的结果不超过平均值限值时，可以不进行平均值的测量。因此，通常在实际测试过程中，首先测量准峰值，如果测量结果不大于相应频率的平均值限值，就不需要再进行平均值测量；否则，需要再进行平均值测量。当然也可以同时进行准峰值和平均值的测量。

测量后，EUT（Equipment Under Test，被测设备）的合格判断是必需的。如果不考虑测量不确定度，则只需直接将测量值与骚扰限值进行比较。辐射骚扰测试流程如图 12-6 所示。需要注意的是，如果测量接收机上显示的读数在限值附近浮动，则在每个频率点读数的测试时间应不少于 15 s，并记录最大读数；对于孤立的瞬间高值，应忽略不计。

3）传导骚扰测试设备

传导骚扰测试系统需要的测试设备主要有测量接收机、人工电源网络、电流探头、电压探头、脉冲限幅器（人工电源网络若内置脉冲限幅器，也可不配）等。

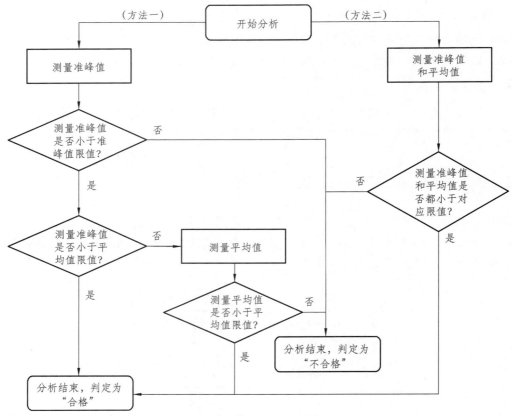

图 12-6　传导骚扰测试流程

（1）测量接收机。测量接收机（见图 12-7）是 EMI 测试中最常用的基本测试仪器。测量接收机的几个重要指标分别是：6 dB（峰值功率的 25%）处的带宽、充电时间常数、放电时间常数、临界阻尼指示器的机械时间常数、过载系数。

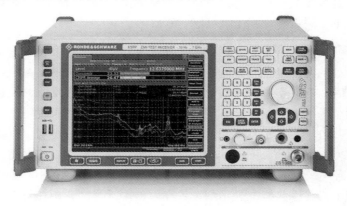

图 12-7　测量接收机图例

（2）人工电源网络。人工电源网络（见图 12-8）又称电源阻抗稳定网络，主要用于测量被测样品沿电源线向电网发射的连续骚扰电压。人工电源网络在射频范围内向被测样品提供一个稳定的阻抗，并将被测样品与电网上的高频干扰隔离开，然后将干扰电压耦合到接收机上。

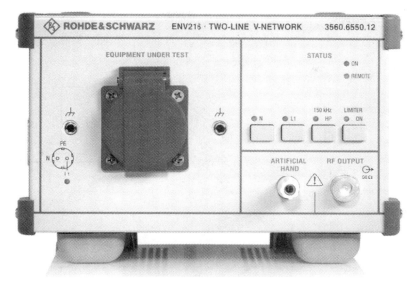

图 12-8　人工电源网络图例

（3）电流/电压探头。电流探头[见图 12-9（a）]是用来测量导线中干扰电流信号的磁环，本质上是一个匝数为 1 的变压器。使用电流探头能够测量流经导线的电流大小。电压探头则是测量电压值大小的装置，如图 12-9（b）所示。

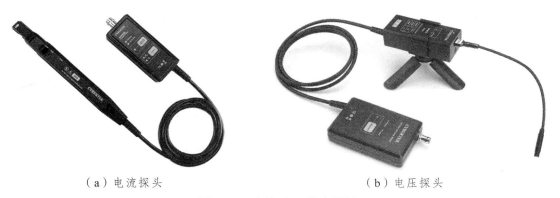

（a）电流探头　　　　　　　　　　　　　　　（b）电压探头

图 12-9　电流/电压探头图例

（4）脉冲限幅器。脉冲限幅器（见图 12-10）是专为连接人工电源网络与接收机而设计的保护装置，可有效抑制功率信号进入测量设备前级而烧毁敏感器件。

图 12-10　脉冲限幅器图例

4）传导骚扰测试布置

测试布置主要分为桌面式 EUT 布置和落地式 EUT 布置，如图 12-11 所示。

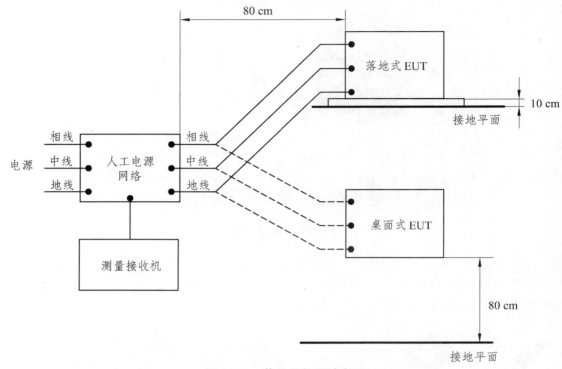

图 12-11　传导骚扰测试布置

测试布置过程中要注意以下几点：

（1）EUT 应放在距离地面 80 ~ 90 cm 高的非导电桌上。

（2）连接电缆过长的，要折成 30 ~ 40 cm 的线束进行捆扎；若由于特殊原因不能这么做，则应在报告中详细说明电缆布置情况。

（3）不用的 I/O 信号电缆末端接终端电阻，进行终端匹配，不能悬空。

（4）EUT 与人工电源网络之间的间隔在地面上的投影距离应至少为 80 cm。

（5）所有电缆与 GND（接地平面）之间的间距在 10 cm 以上。

（6）悬垂电缆末端距 GND 为 40 cm 以上，以保证不会有过分的空间耦合。

（7）在屏蔽室内测量时，可用地面或屏蔽室的任意一壁作为 GND。

2. 辐射骚扰测试

1）辐射骚扰测试基础

辐射骚扰测试是 EMC 的重要测试项之一，也是问题最多、最不容易通过的测试内容。辐射骚扰测试需要在 30 MHz ~ 18 GHz 频率段，测量骚扰的电场强度，或在 9 kHz ~ 30 MHz 频率段，测量骚扰的磁场强度。与传导骚扰测试一样，不同类型的设备进行辐射骚扰测试时都需选取相应的产品标准，按照不同的设备等级和分类来确定被测试设备（EUT）的测量限值和测试需求。

2）辐射骚扰测试流程

与传导骚扰测试一样，辐射骚扰测试也是将测量值与骚扰限值进行比较。若测量值比骚扰标准限值小，则判定为"合格"；若测量值比骚扰标准限值大，则判定为"不合格"。

3）辐射骚扰测试设备

根据常用普通电子设备的辐射骚扰测试标准（如 CISPR 16、CISPR 11、CISPR 13、CISPR 15、CISPR 22 等）中的规定，辐射骚扰测试主要需要如下设备：

（1）EMI 自动测试控制系统（包括计算机及软件）。

（2）EMI 测量接收机。在传导骚扰测试时已作介绍，此处不再赘述。

（3）各种天线（功率双锥天线、环路天线、对数周期天线、喇叭天线等）及天线控制单元等。天线图例如图 12-12 所示。天线是辐射发射试验的接收装置，由于辐射发射试验频率范围覆盖 30 MHz ~ 18 GHz，所以相应地在不同频率段有不同的天线相匹配。

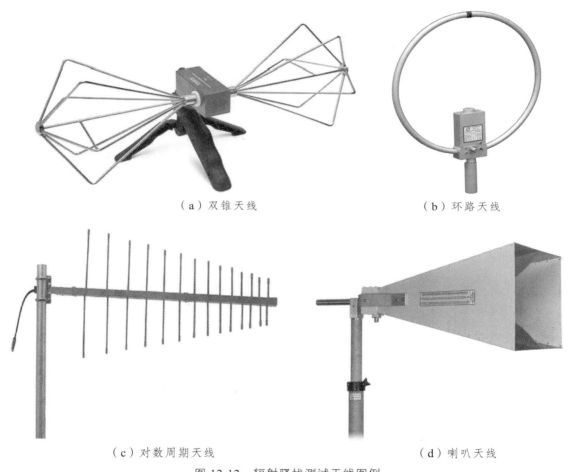

（a）双锥天线　　　　　　　　　　　　（b）环路天线

（c）对数周期天线　　　　　　　　　　（d）喇叭天线

图 12-12　辐射骚扰测试天线图例

（4）电波暗室或开阔场。电波暗室主要用于模拟开阔场，同时用于辐射无线电骚扰测试的密闭屏蔽室。电波暗室的尺寸和射频吸波材料的选用主要由 EUT 的外形尺寸和测试要求确定，常见的有 3 m 法（见图 12-13）和 10 m 法。

图 12-13　3 m 法电波暗室图例

4）辐射骚扰测试布置

辐射骚扰测试布置如图 12-14 所示。EUT 按照标准规定放在测试台上，处于最大辐射的工作状态，天线根据标准要求摆放在受试设备一定距离处（1 m、3 m、10 m 或 30 m）。依次测量受试设备的每个面，并改变天线的高度和极化方向，然后记下最大的测试结果。

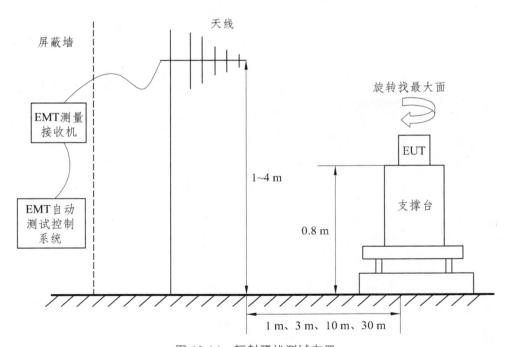

图 12-14　辐射骚扰测试布置

EUT 发出的电磁波将在各个金属面上发生多次反射，故测试天线接收到的场强是直达波和反射波的矢量和，天线或 EUT 的位置稍有变化，测试结果就会有很大不同。因此在辐射骚扰测试中，天线的高度、极化方向以及转台的角度都要不断改变，以期检测到设备辐射的最大点。

3. 谐波电流骚扰测试

1）谐波电流骚扰测试基础

电子和电气设备的大量应用，使得非线性电能转换在电网中产生了大量的谐波电流，这不仅会对同一网络中其他用电设备产生干扰、造成故障，还会使电网的中线电流超载，影响传输效率。另外，对电源的通/断或相位控制，会使电流有效值发生变化，可造成负载侧的电压有效值产生波动，同样会造成其他用电设备不能正常工作。谐波电流骚扰测试需要 2～40 次谐波，即测试频段为 100 Hz～1 kHz。

2）谐波电流骚扰测试流程

根据 IEC 61000-3-2：首先确定 EUT 的分类（Class A/B/C/D），在谐波分析软件中选择分类，设定测量时间（测量时间需要足够长，以满足测试可重复性的要求，一般默认是 2.5 min）；设备工作模式选择合适的工作方式，使之产生最大谐波电流；谐波分析软件会根据采样电流算出各次谐波电流的大小，并与限值比较得出测试结果。

3）谐波电流骚扰测试设备

根据 GB 17625.1 的规定，主要的试验设备有：

（1）纯净电源。其作用是产生一个没有谐波的交流电源（图例如图 12-15 所示），这样可以保证测试到的谐波完全由 EUT 产生。

图 12-15　交流电源图例

（2）电流取样传感器。其主要作用是将 EUT 电源线中的电流进行取样，以便于分析；电流取样传感器（见图 12-16）的基本要求主要是不能对供电条件产生太大的影响，并且灵敏度不能太高，这样才能保证测试误差足够小。

（3）谐波分析仪。谐波分析仪（见图 12-17）的作用是分析供电电流中的谐波成分，可以使用专用仪器，也可以用带 FFT（快速傅里叶变换）功能的示波器来代替。

图 12-16　电流取样传感器图例

图 12-17　谐波分析仪图例

4）谐波电流骚扰测试布置

除非另有规定，谐波电流骚扰测试在正常工作状态且预期能产生最大总谐波电流的模式下进行。对于相同的 EUT，一致的测试条件、相同的测试系统、一致的环境条件，测量的重复性应高于 ± 5%。谐波电流骚扰测试布置如图 12-18 所示。

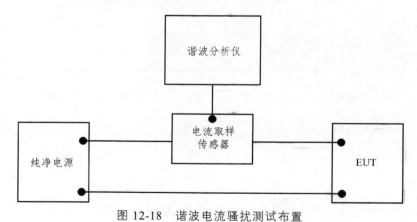

图 12-18　谐波电流骚扰测试布置

4. 电压变化与闪烁测试

1）电压变化与闪烁测试基础

电压闪烁检测的目的是检测电子电气设备对公共电网造成的电压波动是否满足国际和国

内相应标准规定的限值要求。电压波动指标反映了突然的较大的电压变化程度，而闪烁指标则反映了一段时间内连续的电压变化情况。对应的标准是 IEC 61000-3-3 和 GB 17625.2，测试对象是指每相输入电流≤16 A 的设备。

2）电压变化与闪烁测试流程

用示波器和电压表与待测电路相连，打开电源后，观察并记录示波器上的电压测试值。最后将测试值与标准限值进行比较，给出分析结果。以 EUT 在产生最不利电压波动和闪烁状态下的测量结果来评定检测结果，只有在所有适用的电压波动和闪烁测量结果都满足相应的限制要求时，才判定为合格。

3）电压变化与闪烁测试设备

完整的测试系统一般包括纯净电源、参考阻抗和电压波动/闪烁分析仪。

（1）纯净电源。一般采用交直流多功能三相电压源，如图 12-19 所示。

图 12-19　三相电压源图例

（2）参考阻抗。当 EUT 的额定电流大于 16 A 时，可以提供测试所需要的阻抗值。参考阻抗图例如图 12-20 所示。

图 12-20　参考阻抗图例

（3）电压波动/闪烁分析仪。它是用于对电压值及闪烁次数进行分析的仪器，根据分析值判定是否达标。目前，许多产品不仅能对电压波动/闪烁进行分析，还能对谐波进行分析。闪烁和谐波分析仪图例如图 12-21 所示。

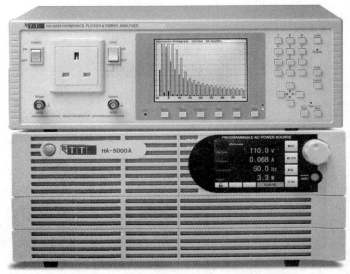

图 12-21　闪烁和谐波分析仪图例

4）电压变化与闪烁测试布置

其布置方式与传导骚扰测试布置方式类似，具体布置如图 12-22 所示。

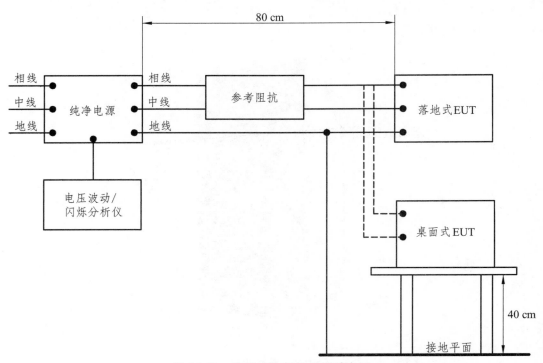

图 12-22　电压变化与闪烁测试布置

在布置测试过程中，需要注意以下几点：

（1）接地平板厚度>0.5 mm，面积>2 m×2 m。

（2）接地线用薄铜条：长宽比<5∶1；厚度为 0.5 mm。

（3）EUT 与屏蔽室距离>80 cm，落地式器具离接地平板的绝缘高度为 10 cm×（1±25%）。

（4）EUT 与电源之间的距离为 80 cm，超出部分应折叠成 30~40 cm 长的线束，且与电压波动/闪烁分析仪的距离不小于 80 cm。

（5）电源接地用长宽比不超过 3∶1、厚度为 0.5 mm 的薄铜条。

12.3　电磁抗扰度测试

12.3.1　电磁抗扰度的概念

1. 电磁抗扰度的定义

EMS 是指处于一定环境中的设备或系统，在正常运行时，设备或系统能承受相应标准规定范围内的电磁能量干扰，也称电磁耐受性。

2. 电磁抗扰度的方向

EMS 是被动性的，即抵抗外界的干扰。EMS 也可分为两个方向考虑，即传导放射性和辐射放射性，如图 12-23 所示。

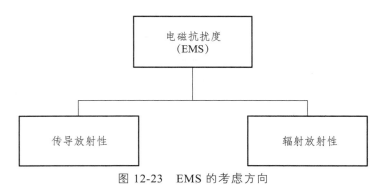

图 12-23　EMS 的考虑方向

12.3.2　电磁抗扰度测试的意义

电气设备的四周必然存在各种各样的协助设备、辅助装置，工作时如果由于周边设备的影响而导致其性能下降，将妨碍其正常使用，因此必须采取抗干扰措施（即 EMS 措施）来防止这种情况发生。进行 EMS 测试的意义有以下几点：

1. 符合法规要求

根据相关法规和标准，电子设备除了需要经过 EMI 测试外，也需要进行 EMS 测试来确保其符合相关法规要求。没有通过 EMS 测试的设备可能无法适应市场的应用需求。

2. 保障设备质量

电子设备处于电场和磁场中，难免受到电磁场的影响，若因电磁能量造成其性能下降的程度较大，将会出现故障，无法保障产品的质量。

3. 保障人身和环境安全

若系统中的元器件、设备等的性能因电磁波干扰而逐步恶化，EMS 问题导致的各类故障还可能引起设备安全事故，对人身及环境造成不良影响。

4. 降低生产成本

在设计阶段进行 EMS 测试可以及早发现和解决设备本身存在的问题，避免在后期生产过程中导致的生产线调整和产品修复，从而降低生产成本。

12.3.3 电磁抗扰度测试及分析方法

EMS 测试的目的是测量被测设备对电磁骚扰的抗干扰能力的强弱。EMS 测试的内容（见图 12-24）主要包括静电抗扰度测试、辐射抗扰度测试、传导抗扰度测试、电压跌落抗扰度测试、浪涌（冲击）抗扰度测试、瞬间脉冲抗扰度测试和工频磁场抗扰度测试。

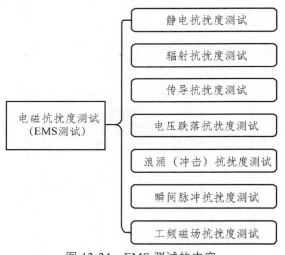

图 12-24　EMS 测试的内容

1. 静电抗扰度测试

1）静电抗扰度测试基础

静电放电（ESD）是一种自然现象，静电放电多发生于人体接触半导体器件时，有可能导致数层半导体材料击穿，产生不可挽回的损坏。静电放电以及紧跟其后的电磁场变化，可能危害电子设备的正常工作。静电放电抗扰度标准有 GB/T 17626.2、IEC 61000-4-2 和 EN 55024 等。

2）静电抗扰度测试的目的

主要试验单个设备或系统的抗静电干扰的能力，通过模拟操作人员或物体在接触设备时放电以及人或物体对邻近物体的放电，检测抗扰度能否达到标准要求。

3）静电抗扰度测试设备

测试的设备主要是静电放电发生器，也称静电枪，如图 12-25 所示。

图 12-25　静电放电发生器图例

4）静电抗扰度测试布置

根据被试设备的不同，静电放电试验有台式和落地式两种配置，配置参数见表 12-1。

表 12-1　测试布置参数

台式设备	落地式设备
试验台（1 600 mm × 800 mm × 800 mm）	绝缘支座（1 100 mm × 800 mm × 100 mm）
参考接地板（2 700 mm × 1 800 mm × 1.5 mm）	参考接地板（2 700 mm × 1 800 mm × 1.5 mm）
垂直耦合板（500 mm × 500 mm × 1.5 mm）	垂直耦合板（500 mm × 500 mm × 1.5 mm）
水平耦合板（1 600 mm × 800 mm × 1.5 mm）	垂直耦合座（500 mm × 500 mm × 1 200 mm）
绝缘衬垫（0.1 m）	绝缘衬垫（0.1 m）
带电阻的电缆线（470 kΩ × 2）	带电阻的电缆线（470 kΩ × 2）

台式设备静电抗扰度测试布置如图 12-26 所示。

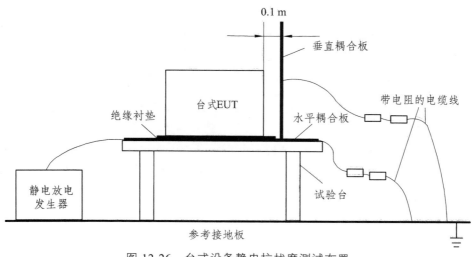

图 12-26　台式设备静电抗扰度测试布置

落地式设备静电抗扰度测试布置如图 12-27 所示。

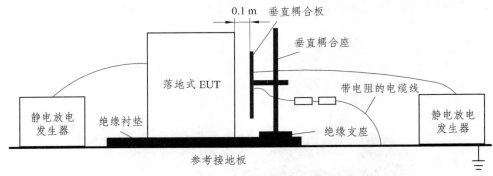

图 12-27　落地式设备静电抗扰度测试布置

2. 辐射抗扰度测试

1）辐射抗扰度测试基础

电台、电视台、固定或移动式无线电发射台、手持移动电话等都可能成为电磁场辐射源，干扰电子设备的正常工作。一般试验频率为 80 MHz ~ 1 GHz/6 GHz，测试场强为 1 ~ 30 V/m。辐射抗扰度测试标准有 GB/T 17626.3、IEC 61000-4-3。

2）辐射抗扰度测试的目的

辐射抗扰度试验通过模拟一定强度的电磁辐射环境，考察被试设备的辐射电磁场抗扰度能力。

3）辐射抗扰度测试设备

辐射抗扰度测试设备包括信号源、功率放大器、定向耦合器、功率计、发射天线、EMC 测试软件等，测试环境一般为电波暗室或开阔场。

（1）信号源。它用于产生一些标准信号，信号源图例如图 12-28 所示。

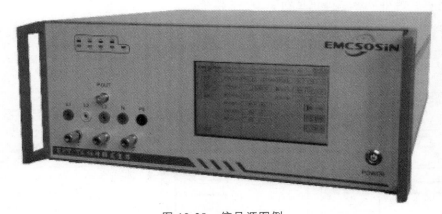

图 12-28　信号源图例

（2）功率放大器。其作用是增强声信号的电压幅度，并使之通过导线传送出去，如图 12-29 所示。

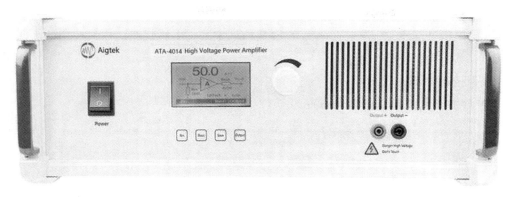

图 12-29　功率放大器图例

（3）定向耦合器。定向耦合器是一种通用的微波/毫米波部件，可用于信号的隔离、分离和混合，如功率的监测、源输出功率稳幅、信号源隔离、传输和反射的扫频测试等，如图 12-30 所示。

图 12-30　定向耦合器图例

（4）功率计。功率计是用于测量电功率的仪器，一般是指在直流和低频技术中测量功率的功率计，如图 12-31 所示。

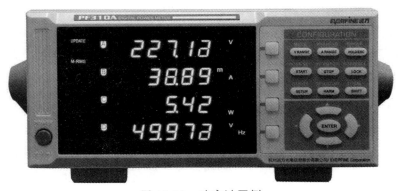

图 12-31　功率计图例

（5）发射天线。发射天线用于将高频电流或导波（能量）转变为无线电波，将自由电磁波（能量）向周围空间辐射。发射天线与在 EMI 测试中的辐射骚扰测试项目使用的天线相同，此处不再赘述。

4）辐射抗扰度测试布置

以全波暗室为测试环境的测试布置如图 12-32 所示。

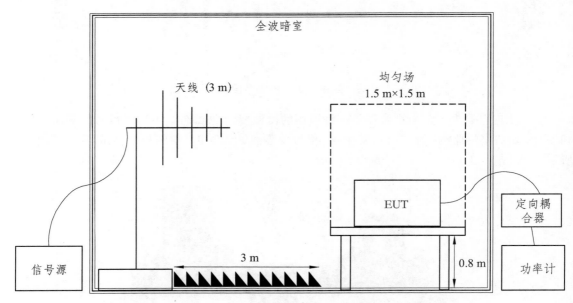

图 12-32　辐射抗扰度测试布置

3. 传导抗扰度测试

1）传导抗扰度测试基础

传导抗扰度测试所研究的骚扰源通常是指来自射频发射机的电磁场（91 kHz ~ 80 MHz），该电磁场可能作用于连接安装设备的整个电缆上。虽然被骚扰设备的尺寸比骚扰频率的波长小，但 I/O 线（如电源线、通信线、接口电缆等）长度可能是几个波长，则可能成为无源的接收天线网络。传导抗扰度测试标准有 IEC 61000-4-6 和 GB/T 17626.6。

2）传导抗扰度测试的目的

传导抗扰度测试的目的是对电子设备或电气系统进行干扰忍受能力测试，并评估其对来自外部环境的电磁干扰的抵抗能力。该测试是针对有传导电缆（如电源线、信号线或地线）的设备开展的。

3）传导抗扰度测试设备

传导抗扰度测试设备包括传导抗干扰测试仪、衰减器、耦合和去耦装置、功率放大器。

（1）传导抗干扰测试仪。传导抗干扰测试仪（见图 12-33）的基本原理是通过接收干扰源输出的电磁信号，将信号经过放大、滤波等处理后引入待测试设备中，以模拟真实的干扰环境条件，并通过对设备输出信号进行观察和分析，评估设备的抗干扰能力。

图 12-33　传导抗干扰测试仪图例

（2）衰减器。衰减器（见图 12-34）是用于调整电路中信号的大小或改善阻抗匹配的器件。

图 12-34　衰减器图例

（3）耦合和去耦装置。耦合和去耦装置（CDN，见图 12-35），用于给设备及辅助设备供电，起到隔离电网噪声的作用，同时耦合干扰信号。

图 12-35　耦合和去耦装置图例

（4）滤波器。滤波器（见图 12-36）用于避免信号谐波对设备产生干扰。

图 12-36　滤波器图例

4）传导抗扰度测试布置

测试布置如图 12-37 所示。在测试前，应检查测试设备是否符合测试标准要求，并进行预热；提前设置好测试仪器的参数（频率、幅度、模式等）。

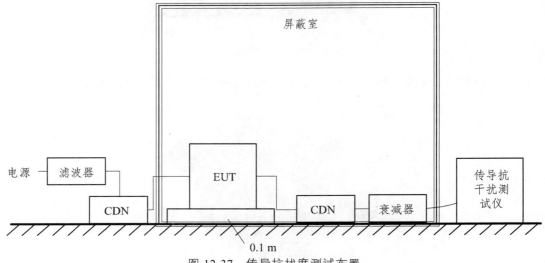

图 12-37　传导抗扰度测试布置

在进行传导抗干扰测试时，需要注意以下几个方面：

（1）测试设备应与测试仪器连接可靠，避免因连接不良导致测试结果不准确。

（2）测试时需选择适当的干扰源，以确保测试结果的可靠性。

（3）测试时应按照测试标准要求进行，避免因测试过程不规范导致测试结果出现错误。

（4）测试完毕后应及时整理测试数据，方便后续分析和评估。

4. 电压跌落抗扰度测试

1）电压跌落抗扰度测试基础

电压暂降和电压中断是由电网、电力设施的故障或负荷突然出现大的变化引起的。电压变化是由连接到电网的负荷的连续变化引起的。如果 EUT 对电源电压的变化不能及时反应，就有可能引发故障。电压跌落抗扰度测试标准有 IEC 61000-4-11 和 GB/T 17626.11。

2）电压跌落抗扰度测试的目的

电压跌落抗扰度测试的目的是检测在电压的突变下，EUT 能否正常工作，相关数据是否符合技术标准，以评估设备的稳定性和可靠性。

3）电压跌落抗扰度测试设备

电压跌落抗扰度测试设备包括电压跌落发生器和电压示波器。

（1）电压跌落发生器。电压跌落发生器（见图 12-38）的基本作用是产生电压的跌落、短时中断和电压的渐变。

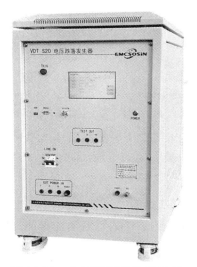

图 12-38 电压跌落发生器图例

（2）电压示波器。电压示波器（见图 12-39）用于观察各种不同信号幅度随时间变化的波形曲线，并测试电压值。

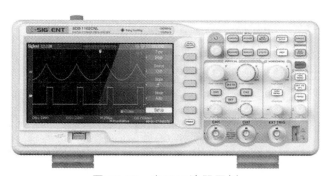

图 12-39 电压示波器图例

4）电压跌落抗扰度测试布置

测试布置如图 12-40 所示。测试前，需检查设备是否正常；测试时要注意安全，避免发生触电事故等。

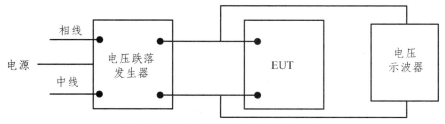

图 12-40 电压跌落抗扰度测试布置

测试参数包括：

（1）跌落时间：从正常值到最低值的时间，一般为 10 ~ 500 ms。

（2）跌落幅度：从正常值到最低值的电压差值，一般为 10% ~ 90%。

（3）恢复时间：从最低值恢复到正常值的时间，一般为 10 ~ 500 ms。

5. 浪涌（冲击）抗扰度测试

1）浪涌（冲击）抗扰度测试基础

浪涌（冲击）抗扰度测试是一种用于评估电子设备在电力系统中遭受浪涌冲击时的稳定性和可靠性的测试方法。浪涌冲击是由于突然的电压或电流变化引起的短暂能量峰值，这可能对电子设备造成损坏或干扰。最常用的浪涌（冲击）抗扰度测试标准有 IEC 61000-4-5 和 GB/T 17626.5。

2）浪涌（冲击）抗扰度测试的目的

浪涌（冲击）抗扰度测试的目的是评估对浪涌冲击的抵御能力，帮助设计人员提升设备的稳定性和可靠性，确保设备在电力系统中正常工作。

3）浪涌（冲击）抗扰度测试设备

浪涌（冲击）抗扰度测试设备包括浪涌脉冲发生器和去耦网络 CDN。

（1）浪涌脉冲发生器。其主要的功能是负责产生浪涌波形，设备图例如图 12-41 所示。

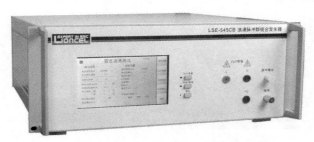

图 12-41　浪涌脉冲发生器图例

（2）去耦网络 CDN。CDN 已在传导抗扰度测试中介绍，此处不再赘述。

4）浪涌（冲击）抗扰度测试布置

测试需要根据被测设备对应的产品标准或产品类标准或通用标准进行布置，屏蔽互连线的浪涌测试布置如图 12-42 所示。

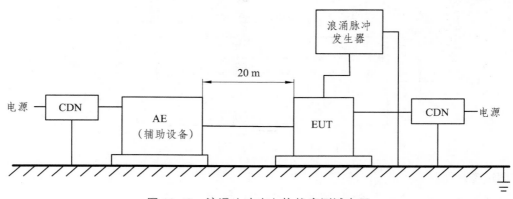

图 12-42　浪涌（冲击）抗扰度测试布置

测试之前，应对信号发生器和耦合/去耦网络进行校验。

测试应根据试验方案进行，方案中应规定试验配置，并包含如下内容：

（1）试验等级（电压）；

（2）浪涌次数。

除非相关产品标准有规定，施加在直流电源端和互连线上的浪涌脉冲次数应为正负极性各五次。对于交流电源端口，应分别在 0°、90°、180°、270°相位施加正负极性各五次的浪涌脉冲（连续脉冲间的时间间隔为 1 min 或更短），并保持 EUT 的典型工作状态，按照标准选择浪涌施加的位置。

6. 瞬间脉冲抗扰度测试

1）瞬间脉冲抗扰度测试基础

切换瞬态过程（切断感性负载、继电器触点弹起等），通常会对同一电路中的其他电气和电子设备产生干扰。最常用的浪涌（冲击）抗扰度测试标准有 IEC 61000-4-4 和 GB/T 17626.4。

2）瞬间脉冲抗扰度测试的目的

瞬间脉冲抗扰度测试的目的是为评估电气和电子设备的供电电源端口、信号、控制和接地端口在受到电快速瞬变（脉冲群）干扰时的性能确定一个共同的能再现的评定依据。

3）瞬间脉冲抗扰度测试设备

瞬间脉冲抗扰度测试设备包括快速瞬变脉冲群发生器、耦合/去耦网络 CDN 和容性耦合夹。

（1）快速瞬变脉冲群发生器。快速瞬变脉冲群发生器（见图 12-43）用于产生快速瞬变脉冲群，其电压峰值、脉冲群时间、脉冲群周期可调。

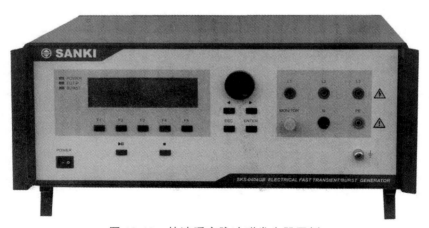

图 12-43　快速瞬变脉冲群发生器图例

（2）耦合/去耦网络 CDN。

（3）容性耦合夹。容性耦合夹（见图 12-44）用于与电子设备无电气连接的情况下，将快速瞬变脉冲群信号耦合到受试电路中。

图 12-44 容性耦合夹图例

4）瞬间脉冲抗扰度测试布置

测试布置有不使用和使用容性耦合夹两种情况，如图 12-45（a）和（b）所示。

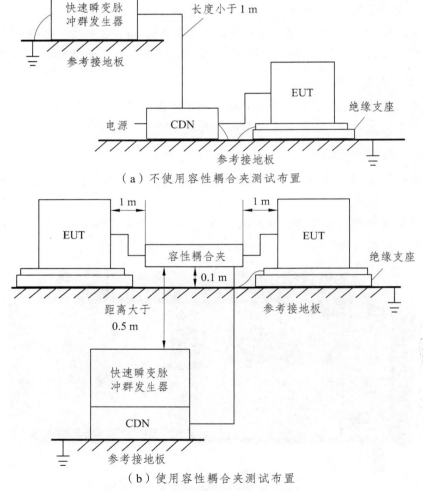

（a）不使用容性耦合夹测试布置

（b）使用容性耦合夹测试布置

图 12-45 瞬间脉冲抗扰度测试布置

测试布置时需注意：

（1）参考接地板用厚度为 0.25 mm 以上的铜板或铝板。

（2）如果 EUT 是台式设备，则需放置在离参考接地板高度为（0.8±0.08）m 的木质桌上。

（3）电源线不采用屏蔽线，但需绝缘良好。

（4）测试如在室内进行，应将设备布置在中央位置。除与仪器下方的参考接地板外，测试设备与其他所有导电性结构之间的距离最小为 0.5 m。

7. 工频磁场抗扰度测试

1）工频磁场抗扰度测试基础

有些设备如计算机监视器、电子显微镜等设备在工频磁场作用下会产生电子束的抖动；对于电度表等一类设备，在工频磁场作用下程序会产生紊乱、内存数据丢失和计度错误；对于内部有霍尔元件等对磁场敏感器件所构成的设备，在磁场作用下会出现误动作。最常用的工频磁场抗扰度测试标准有 IEC 61000-4-8 和 GB/T 17626.8。

2）工频磁场抗扰度测试的目的

工频磁场抗扰度测试的目的是用于评价处于工频（连续和短时）磁场中的家用、商用和工业用电气和电子设备的性能，尤其适用于计算机监视器、电度表等对磁场敏感设备的磁场抗扰度测试。

3）工频磁场抗扰度测试设备

工频磁场抗扰度测试设备包括工频磁场发生器和感应线圈。

（1）工频磁场发生器。工频磁场发生器（见图 12-46）用于供给线圈电流。

图 12-46　工频磁场发生器图例

（2）感应线圈。感应线圈（见图 12-47）用于产生磁场。根据 EUT 大小的不同，感应线圈分为方形单独感应线圈、方形双感应线圈和定制线圈三类。

图 12-47　感应线圈图例

4）工频磁场抗扰度测试布置

工频磁场抗扰度测试采用浸入法，为测试 EUT 暴露在不同极化方向磁场中的抗干扰性能，应使感应线圈分别旋转 90°进行测试，测试布置如图 12-48 所示。

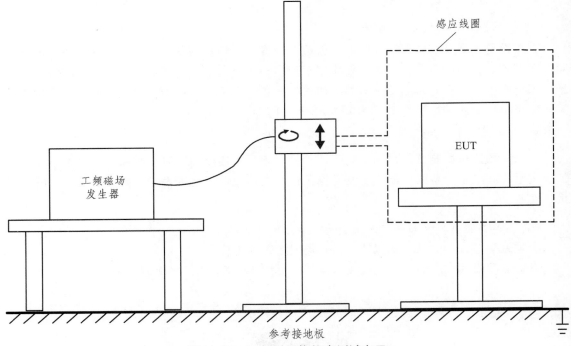

图 12-48　工频磁场抗扰度测试布置

测试布置时需注意：

（1）参考接地板是厚 0.25 mm 以上的铜板或铝板；如采用其他金属薄板（非铁磁性物质），其最小厚度为 0.65 mm。

（2）参考接地板的最小尺寸为 1 m×1 m；最终尺寸取决于 EUT 的大小。

（3）EUT 应采用一种适合设备信号的无屏蔽电缆。所有电缆应有 1 m 的长度暴露在磁场中。

（4）测试用工频磁场发生器应放在离线圈不超过 3 m 远的地方，其一端与参考接地板相连。

（5）感应线圈应放置在距测试室墙壁和其他磁性物质至少 1 m 远的地方。

本章小结

（1）电磁兼容（EMC）既包括设备对其他设备或系统的干扰程度，也包括设备在电磁环境中的抗干扰能力，即 EMC 包括 EMI（电磁干扰）和 EMS（电磁抗扰度）两部分。

（2）EMI 的三要素包括干扰源、敏感源、耦合路径。这也是产生 EMC 问题必须同时具备的三个条件。

（3）EMI 有传导干扰和辐射干扰两种。

（4）EMI 测试是对设备所产生的各类干扰的检验，并将测试值与标准值进行比较，判定所产生的干扰是否在正常值范畴之内。电磁干扰测试因产生干扰的途径不同而有多种测试项和对应的测试方法，判定时也需要借助对应的标准进行。

（5）EMI 测试的内容主要有传导骚扰测试、辐射骚扰测试、谐波电流骚扰测试、电压变化与闪烁测试。

（6）EMS 是指处于一定环境中的设备或系统，在正常运行时，设备或系统能承受相应标准规定范围内的电磁能量干扰，也称之为电磁耐受性。EMS 可分为传导放射性和辐射放射性两个方面。

（7）电磁抗扰度测试是对设备能否在各类电磁干扰中正常工作的一类检验。一般来说，同类型的电磁干扰和电磁抗扰度测试的标准具有共通性，但电磁抗扰度的测试项更多，每类测试均需要对标进行布置和判定。

（8）EMS 测试的内容主要有静电抗扰度测试、辐射抗扰度测试、传导抗扰度测试、电压跌落抗扰度测试、浪涌（冲击）抗扰度测试、瞬间脉冲抗扰度测试和工频磁场抗扰度测试。

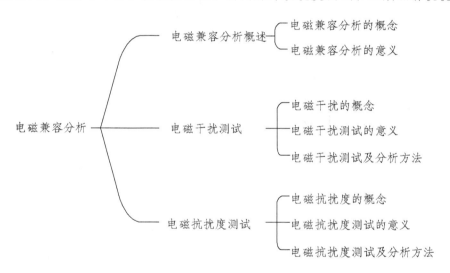

思考与练习

1. 填空题

（1）构成电磁干扰的三要素是（　　　）、（　　　）和（　　　）；如果按照传输途径划分，电磁干扰可分为（　　　）和（　　　）。

（2）常见的机电类产品的电磁兼容标志有中国的（　　　）标志、欧洲的（　　　）标志和美国的（　　　）标志。

（3）EMI 测试的内容主要包括（　　　）、（　　　）、谐波电流骚扰测试、电压变化与闪烁测试。

（4）EMS 测试的内容主要包括（　　　）、（　　　）、（　　　）、电压跌落抗扰度测试、浪涌（冲击）抗扰度测试、瞬间脉冲抗扰度测试和工频磁场抗扰度测试。

2. 选择题

（1）干扰源通过信号线、电源线传输出去的一种电磁现象是（　　）。

    A. 电磁干扰   B. 传导干扰

    C. 辐射干扰   D. 电缆干扰

（2）在辐射骚扰测试中，（　　）作为信号接收装置。

    A. EMI 自动测试控制系统   B. 人工电源网络

    C. 天线   D. 电流/电压探头

（3）（　　）是检测电子电气设备对公共电网造成的电压波动是否达标的一类测试。

    A. 传导骚扰测试   B. 电压闪烁检测

    C. 辐射骚扰测试   D. 谐波电流骚扰测试

3. 判断题

（1）电磁兼容分析过程中，不同类型的产品可能有不同的限值。（　　）

（2）电磁兼容分析的测试必须布置专门的电波暗室才可以进行。（　　）

（3）电磁兼容测试布置时，EUT 一般都需要接地。（　　）

4. 简答题

（1）EMI、EMS 和 EMC 分别指什么？有何区别？

（2）MEI 测试项有哪些？MES 测试项有哪些？

第 13 章　无线电管制

1. 了解无线电管制的定义和意义；
2. 理解无线电管制的实施要求；
3. 掌握无线电管制的实施措施和惩治措施。

13.1　无线电管制概述

13.1.1　无线电管制的定义

无线电管制是指在特定时间和特定区域内，依法采取限制或禁止无线电台（站）、无线电发射设备和辐射无线电波的非无线电设备的使用，以及对特定的无线电频率实施技术阻断等措施，对无线电发射、辐射和传播实施的强制性管理。无线电管制应遵守《中华人民共和国无线电管制规定》，该规定于 2010 年 11 月 1 日起施行，国家根据维护国家安全、保障国家重大任务、处置重大突发事件等需要，可以实施无线电管制相关处理。

根据《中华人民共和国无线电管制规定》第四条，实施无线电管制应当遵循科学筹划、合理实施的原则，最大限度地减小无线电管制对国民经济和人民群众生产生活造成的影响。

13.1.2　无线电管制的意义

无线电设备依靠无线电波来传递声音、图像及数据信息，而无线电波看不见、摸不着，具有易受到干扰或产生干扰的特点。所用的无线电频率具有有限性、排他性的特点，是稀缺资源。

在重大任务与重大突发事件中，大量无线电设备的集中使用，会导致电磁环境复杂，无法确保电磁安全与通信安全。例如在中华人民共和国成立 70 周年庆祝活动中，各个关键环节总计使用了近 10 万部专用无线电设备（不含手机），在这样密集的无线电设备使用中，如何确保数量庞大的无线电台设备汇聚一起时能安全正常地运行，如何让设备不受电磁干扰，如何保障有可用的，甚至备用的无线电频率资源，这些工作对重大活动的顺利进行至关重要。因此需要无线电管制为其保驾护航，规范无线电设备使用，排除有害干扰，为重大活动营造一个干净有序的无线电环境。

无线电管制可以营造良好的电磁环境，使各类无线电设备正常使用，避免受到有害伤害。无线电管制为维护国家安全、社会公共利益提供了支撑，为国家重大任务的执行与重大突发事件的处置提供了保障，为减小无线电管理对国民经济、群众生活的影响提供了措施。

13.2　无线电管制的实施机构与实施要求

13.2.1　无线电管制的实施机构

根据维护国家安全、保障国家重大任务、处置重大突发事件等的需要，国家可以实施无线电管制。根据实施管制的区域和范围不同，不同的国家机构制定出不同的管制决策。

当在全国范围内或者跨省、自治区、直辖市实施无线电管制时，由国家无线电管理机构和军队电磁频率管理机构会同国务院、公安部等有关部门组成无线电管制协调机构，负责无线电管制的组织、协调工作。国家无线电管理机构和军队电磁频率管理机构，应当根据无线电管制需要，会同国务院有关部门，制定全国范围的无线电管制预案，报国务院和中央军事委员会批准。

当在省、自治区、直辖市范围内实施无线电管制时，由省、自治区、直辖市无线电管理机构和军区电磁频率管理机构会同公安部等有关部门组成无线电管制协调机构，负责无线电管制的组织、协调工作。无线电管制的决议由省、自治区、直辖市人民政府和相关军区决定，并报国务院和中央军事委员会备案。省、自治区、直辖市无线电管理机构和军区电磁频率管理机构，应当根据全国范围的无线电管制预案，会同省、自治区、直辖市人民政府有关部门，制定本区域的无线电管制预案，报省、自治区、直辖市人民政府和军区批准。

13.2.2　无线电管制的实施要求

无线电管制从实施前、实施中到实施结束后都有相关的实施要求。

决定实施无线电管制的机关，应当在开始实施无线电管制 10 日前发布无线电管制命令，明确无线电管制的区域、对象、起止时间、频率范围以及其他有关要求。但是，紧急情况下需要立即实施无线电管制时除外。

实施无线电管制期间，无线电管制区域内拥有、使用或管理无线电台（站）、无线电发射设备和辐射无线电波的非无线电设备的单位或个人，应当服从无线电管制命令和无线电管制指令。有关地方的人民政府，交通运输、铁路、广播电视、气象、渔业、通信、电力等部门和单位，军队、武装警察部队的有关单位，应当协助国家无线电管理机构和军队电磁频率管理机构或者省、自治区、直辖市无线电管理机构和军区电磁频率管理机构实施无线电管制。

无线电管制结束后，决定实施无线电管制的机关应当及时发布无线电管制结束通告；如果在无线电管制命令中已经明确无线电管制终止时间的，可以不再发布无线电管制结束通告。

13.3 无线电管制的措施

13.3.1 无线电管制的管制措施

无线电管制协调机构应当根据无线电管制命令发布无线电管制指令。

国家无线电管理机构和军队电磁频率管理机构，省、自治区、直辖市无线电管理机构和军区电磁频率管理机构，依照无线电管制指令，根据各自的管理职责，可以采取下列无线电管制措施：

（1）对无线电台（站）、无线电发射设备和辐射无线电波的非无线电设备进行清查、检测。

（2）对电磁环境进行监测，对无线电台（站）、无线电发射设备和辐射无线电波的非无线电设备的使用情况进行监督。

（3）采取电磁干扰等技术阻断措施。

（4）限制或者禁止无线电台（站）、无线电发射设备和辐射无线电波的非无线电设备的使用。

13.3.2 无线电管制的惩治措施

对于违反无线电管制的个人或机构，相关的无线电管制机构可以对其进行相应的违反管制。其中，违反无线电管制命令和无线电管制指令的非军队、武装警察等相关单位或个人，由国家无线电管理机构或者省、自治区、直辖市无线电管理机构责令改正。对于拒不改正的，可以关闭、查封、暂扣或者拆除相关设备；情节严重的违反者或者违反单位，可吊销无线电台（站）执照和无线电频率使用许可证；违反治安管理规定的，由公安机关依法给予处罚。

军队、武装警察部队的有关单位违反无线电管制命令和无线电管制指令的，由军队电磁频率管理机构或者军区电磁频率管理机构责令改正，其中情节严重的，依照中央军事委员会的有关规定，对直接负责的主管人员和其他直接责任人员给予处分。

本章小结

（1）无线电管制是指在特定时间和特定的区域内，依法采取限制或者禁止无线电的无线电频率实施技术阻断等措施，对无线电波的发射、辐射和传播实施的强制性管理。

（2）无线电管制规范无线电设备的使用，排除有害干扰，为重大活动营造一个干净有序的无线电环境，维护国家安全和社会的公共利益。

（3）实施无线电管制，应当遵循科学筹划、合理实施的原则，最大限度地减小无线电管制对国民经济和人民群众生产生活造成的影响。

（4）无线电管制的机构根据无线电管制的范围不同而有所区别，无线电管制机构负责无线电管制的组织、协调工作。当在全国范围内或者跨省、自治区、直辖市实施无线电管制时，由国家无线电管理机构和军队电磁频率管理机构会同国务院、公安部等有关部门组成无线电管制协调机构。当在省、自治区、直辖市范围内实施无线电管制时，无线电管制协调机构由省、自治区、直辖市无线电管理机构和军区电磁频率管理机构会同公安部等有关部门组成。

（5）无线电管制从实施前、实施中到实施结束后都有相关的实施要求。

（6）无线电管制的实施措施主要包括对无线电台（站）、无线电发射设备和辐射无线电波的非无线电设备进行管理与监督，对电磁环境进行监测等。

（7）对于违反无线电管制的个人或机构，相关的无线电管制机构可以对其进行相应的违反管制与惩治。

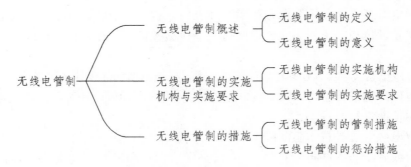

思考与练习

1. 无线电管制是什么？
2. 无线电管制的实施机构有哪些？
3. 无线电管制的实施措施有哪些？

重大活动保障篇

第 14 章　重大活动无线电安全保障

1. 了解重大活动的分类、分级；
2. 理解重大活动无线电安全保障的意义；
3. 掌握重大活动无线电安全保障的实施流程。

14.1　重大活动无线电安全保障概述

习近平总书记在中央国家安全委员会第一次会议上指出,"当前我国国家安全内涵和外延比历史上任何时候都要丰富, 时空领域比历史上任何时候都要宽广, 内外因素比历史上任何时候都要复杂, 必须坚持总体国家安全观。"他强调,"要准确把握国家安全形势变化新特点新趋势, 坚持总体国家安全观, 走出一条中国特色国家安全道路。"

无线电安全保障是一个综合化、系统化的工作, 是国家安全的重要组成部分。无线电管理"三管理、三服务、一突出"总体要求对无线电安全保障做出"突出做好重点无线电安全保障"具体部署。《国家无线电管理规划（2016—2020 年）》要求无线电安全保障贯彻国家安全战略, 准确把握无线电安全的新形势、新特点, 保障重点频段和重要业务安全运行。

14.2　无线电安全保障类别设定及等级划分

随着经济社会不断发展, 各种无线电新技术在重大活动中的应用不断推陈出新, 各类重大政治活动、经济活动、体育赛事、会议展览越来越频繁, 无线电安全保障由之前的专项保障升级为常态化保障。

14.2.1　重大无线电安全保障范畴

通常意义上, 重大活动指具有重大影响力的政治、经济、科技、社会、文化、体育等活动，以及会展活动、纪念活动和公益性活动。重大活动无线电安全保障是无线电管理机构为保障各类重大任务和突发事件的无线电通信安全，在特定场合、特定时段开展的，以合理配置频谱资源并维护安全有序的电波秩序为工作目标的各项无线电管理技术和行政工作。

14.2.2　无线电安全保障类别设定

按照活动的性质、影响力、涉及领域、参与人员等要素，将重大活动划分为政治经济类、体育赛事类、会议展览类三类。

1. 政治经济类安全保障及工作重点

政治经济类活动的时间，从筹备到会议结束，几天到几十天不等，举办地一般仅限一地，如 G20 峰会、"一带一路"峰会、金砖会议等。此类活动通常政治经济意义重大，国家领导人和外国政要会出席此类活动，为国家政治、经济、社会发展的标志性事件，因此无线电安全保障的级别比较高。为做好政治经济类无线电安全保障，综合协调、涉外临频指配和保护、核心时段及区域保障、特殊对象服务等是重点工作。

2. 体育赛事类安全保障及工作重点

体育赛事类活动的时间，从筹备到活动结束时间跨度较长，根据赛事级别、规模，举办地可能固定，也可能由不同省、区、市联合举办。如为国际性或全国性的事件，国家领导人或外国政要通常会出席此类活动的开闭幕式，具有一定的标志性意义。此类保障一般集中在体育场馆区域或比赛沿线，工作和通信环境复杂，需重点防范无线电干扰，尤其与赛事直接相关的频点应重点保护。为做好体育赛事类无线电安全保障，综合协调、赛事用频保护、开闭幕式保障、指挥调度保障、宣传报道等应一并考虑。

3. 会议展览类安全保障及工作重点

会议展览类活动，时间跨度较短，举办地以单个区域为主，间或有其他场地作为补充。会展类活动内容丰富，以文化和经济交流为主，国家领导人和外国政要可能阶段性出席此类活动，因此通信联络、指挥调度是无线电安全保障的工作重点，宣传报道视情况而定。

14.2.3　无线电安全保障等级划分

参照《中华人民共和国突发事件应对法》第四十二条"国家建立健全突发事件预警制度"有关精神，按照活动影响力、领导人出席情况、活动举办频次等基本要素，将重大活动无线电安全保障的等级划分为一至四级。

1. 一级无线电安全保障划定原则

具有重大国际影响力的活动、首次举办的具有一定国际影响力的活动、核心国家领导人出席的活动、涉及多省（区、市）并且无法确定主体承担省（区、市）的活动，以上原则满足任一条，即将其划为一级无线电安全保障等级。

2. 二级无线电安全保障划定原则

常态化的具有一定国际影响力的活动、国家领导人出席的活动、属地明确并可以确定主体承担省（区、市）但需相关省（区、市）支持的活动，以上原则满足任一条，即将其划为二级无线电安全保障等级。

3. 三级无线电安全保障划定原则

具有国内影响力的活动、重要领导人出席的活动，以及可以确定主体承担省（区、市）的活动，以上原则满足任一条，即将其划为三级无线电安全保障等级。

4. 四级无线电安全保障划定原则

常态化的具有国内影响力的活动、由省部级单位或某行业举办的重大活动，以上原则满足任一条，即将其划为四级无线电安全保障等级。

14.3　无线电安全保障要素组成

重大活动无线电安全保障的要素主要分管理要素和技术要素。其中，管理要素可划分为联席会议工作要素、总指挥工作要素、综合协调工作要素、行政执法工作要素、宣传工作要素、后勤保障工作要素；技术要素可划分为频率台站工作要素、监测工作要素、设备检测工作要素。

14.3.1　管理要素

1. 联席会议工作要素

一般由重大活动保障所涉及的单位或部门组成，负责重大活动无线电安全保障重大事项的决策协调，开展无线电安全保障的宏观指导。

2. 总指挥工作要素

负责无线电安全保障工作的总体指挥，保障工作的上传下达。进入保障的临战阶段和实战阶段，视工作需要成立指挥中心，协助联席会议开展工作，加强应急处置指挥工作。

3. 综合协调工作要素

负责与任务来源单位的对接、沟通和协调；负责组织协调无线电安全保障的人员、装备及相关证件的办理；负责组织制定总体方案。

4. 行政执法工作要素

依法查处非法用频和违规设台行为，组织开展无线电干扰查处，落实无线电管制措施。

5. 宣传工作要素

负责无线电安全保障工作材料的撰写，宣传工作动态并按照保密要求在内外刊物或网站上刊登，关于无线电安全保障舆情的搜集等。

6. 后勤保障工作要素

负责活动期间车辆运行维护、人员食宿、安全防护、应急等的保障；负责协调解决经费问题。

14.3.2　技术要素

1. 频率台站工作要素

为保障重大活动期间安全、有序、可靠使用无线电频率，应建立频率台站组，负责无线电频率台站工作。具体负责与活动有关的频率和台站数据的整理及核实；重大活动工作站频率需求的预测及筹集；重大活动要素无线电频率申请的技术审核，并进行必要的电磁兼容分析；对频率申请做出预指配，并起草回复函件。

2. 监测工作要素

在执行各类重大活动无线电保障工作中，采用技术手段对整个保障区域内的无线电发射参数进行测量，对非法电台和干扰源进行测向定位等；开展临时监测点选址及车辆位置选点、电磁环境测试及重要频率保护性监测等工作；必要时协助行政执法部门实施技术性阻断措施。

3. 设备检测工作要素

负责无线电发射设备标签的制作和发放；根据需要对活动地及其特定区域内使用的无线电发射设备进行检测，对标签进行现场核验，严防与活动无关的无线电设备进入活动区域。

14.4　无线电安全保障实施实践

重大活动无线电安全保障是一项体系复杂、要求严格、时间较长的综合性工作，需要组织有序、方案完善、人员齐备、装备可靠、保障有力，方能高质量完成保障任务。本节以体育赛事为例，阐释该类型无线电安全保障如何实施。

14.4.1　无线电安全保障筹备阶段

1. 保障任务授领

保障单位在接到任务后，要积极与任务来源单位联系，并掌握以下信息：

（1）本次活动的背景，包括活动主办方、参加人员情况、相关领导批示等；

（2）活动的时间、规模、性质、区域；

（3）任务来源单位联系人及联系方式；

（4）证件办理事宜，了解人员、车辆等证件的办理流程；

（5）重大活动期间的用频需求。

鉴于体育赛事类保障时间跨度一般较大，保障单位应派人前往任务来源单位调研。如有必要，还应向任务来源单位派驻专人，以协助其梳理用频需求等工作。

2. 筹备会议组织

会议讨论重大活动无线电安全保障组织架构、运行机制、保障内容、任务分工和工作安排等关键问题，确定保障框架和保障方案。保障框架一般应包括以下内容：

（1）目标任务：明确重大任务无线电安全保障工作的保障对象、保障时间、保障区域、保障要求、保障等级等；

（2）明确拟参加保障的单位；

（3）讨论职责分工；

（4）讨论保障机制、保障等级；

（5）就总体保障方案进行交流并研提意见。

3. 组织架构设置

组织架构的设置应坚持分工负责、分级管理的原则。为保障重大活动的顺利开展，在体育赛事类重大活动无线电安全保障中，一般将保障力量单独设组。通常如有大型室外保障任务，将无线电管理力量设为大组；如无大型室外保障任务，将其单独设为专项组。

无线电安全保障通常设领导小组、总指挥组、应急指挥组、综合协调组、频率台站组、监测组、设备检测组、行政执法组、后勤保障组、文秘宣传组。如活动规模较小，后勤保障组、文秘宣传组可与综合协调组合并设立，其他组也可视情况压缩或合并，但其职能不能缺失。

4. 保障方案制定

保障方案应包含以下但不仅限于以下内容：任务来源、指导思想、工作目标、组织架构、工作职责、进度安排、保障措施及通信联络表等。

各具体实施方案由各组分别编制，完成后由综合协调组汇编成册，形成整体保障工作手册，并印发至各保障团队使用。

注：在活动组织方通信信道紧张的情况下，无线电安全保障团队的通信方式一般得不到有效保障，因此无线电安全保障团队的通信组网方案，务必提前考虑。考虑因素一般有：主用和备用通信手段、终端使用数量、通信网络如何分组及分组数量、是否自建中继、是否使用公网通信手段、相互通信标准用语等。

5. 相关工作开展

1）管制公告发布

无线电管制公告，是指在特定时间和特定区域内，依法对无线电台（站）、无线电发射设备和遥控遥测无线电设备限制或禁止使用，对特定的无线电频率采取技术阻断等措施，以及对无线电波的发射、辐射和传播实施的强制性管理。

一般，具有一定保障级别的才需要发布管制公告。

2）频率协调指配

频率协调指配可分为一般频率指配和应急频率指配。筹备阶段的频率指配主要是一般频率指配。

（1）一般频率指配。

适用原则：在频率资源和电磁兼容允许的条件下，由用户提出书面频率申请，按正常频率协调指配流程进行指配。

（2）应急频率指配。

在筹备阶段，一般不进行应急频率指配。在频率资源和电磁兼容允许的条件下，只有以下两种情况开展应急频率指配：有紧急事件发生，需要应急指配频率时；有重要临时频率申请时。

重要临时频率申请是指该临时频率是活动必需的，如不批准，活动难以进行；有外国贵宾需要进入活动警戒区域时，提出的临时频率申请。

3）发射设备检测

（1）标签设计与制作。

安全保障中的无线电发射设备标签分为无线电台执照、禁止使用和特许使用三种样式。

无线电台执照标签应包括设备名称、设备编号、有效期、使用地点、中心频率、带宽、发射功率等。

（2）设备检测开展。

对于需要临时批准的特殊设备，在向用户颁发频率许可证后，频率组在设备使用前7天将许可证复印件送至检测组，检测组将必要的信息进行登记备案后留存备用。

进行设备测试时，应根据检测设备的种类和规模采取灵活的检测手段，包括实验室检测、现场检测、移动检测等。

对于需要临时批准的特殊设备，检测项目主要是用户频率许可证上规定的发射频率、功率、带宽等，申报材料未提及的部分，应根据我国的相关检验标准规范执行。对于在国内已经型号核准并流通使用的设备，应根据我国相关检验所用技术规范确定。

设备检测完成后，经检测合格的设备，将被贴上"无线电台执照"标签。检测不合格的设备，将被贴上禁用标签。贴上禁用标签的设备原则上禁止使用；特殊情况下确需使用该类设备的，需经无线电安全保障领导小组批准后方可使用。

4）电磁环境清理

（1）划分重点保障频段。

一般情况下，重大活动无线电安全保障涉及的频率可分为两大类：活动中直接使用的频率；虽然不在活动中直接使用，但具有政治意义或关系人民群众生命财产安全的频率。

活动中直接使用的频率：播报设备、同声传译设备、对讲设备、集群设备、数传电台、遥控遥测设备、无线麦克风、无线摄像机、微波链路、卫星链路等。

同时，还有一些频段并非现场活动直接使用，但具有较强政治意义，或关系到人民群众生命财产安全，主要包括三类：民用航空指挥、控制、导航频率；调频广播、电视频段；移动通信频段。

（2）开展电磁环境清理。

监测组可在筹备阶段开展电磁环境监测和清理工作，对活动所在地的电磁环境进行摸底和排查，确保电磁环境可管、可控、可用。

在开展电磁环境清理过程中，尤其要针对重点保障频段开展监测，随时发现可能存在的可疑信号，及时快速处置。如距正式活动时间较长，可结合月报工作实施电磁环境清理。

根据工作需要，可拓展电磁环境清理的地域范围，针对民航频段、大功率广播电台等，在活动所在地周边省（区、市）同步开展电磁环境治理工作。

5）通行证件办理

按照赛事组织机构的要求，对参与保障的人员、车辆进行证件办理。

备注：要充分考虑上级领导检查工作所需的证件；人员车辆所需进入的保障区域。

14.4.2 无线电安全保障临战阶段

无线电安全保障临战阶段自活动组织方开始按活动要求进入试运行状态起，至活动正式开始前为止。该时间段也可根据具体任务要求另行确定。

1. 成立指挥中心

进入重大活动保障临战阶段，为更加高效地组织领导和协调指挥各工作组（和管理团队）的工作，综合检验筹备阶段各项工作开展情况，确保活动实战阶段无线电管理工作的顺利实施，由总指挥组牵头，从各组抽调人员，成立指挥中心，履行总指挥组职责。

2. 召开动员大会

动员大会旨在统一思想、提升士气，发放保障总体工作方案，让各工作组明晰工作职责。

3. 开展综合演练

为检验筹备阶段各项工作的成果，及时发现保障隐患，并促进保障人员熟练掌握实战技术，全面增进协调配合，对于体育赛事类重大活动的无线电安全保障工作，应安排 1~3 次综合演练。演练工作可单独进行，或结合任务来源单位组织的全要素演练进行。

综合演练中最基本的环节是演练脚本的编写，通常由各组针对各自职责分别编制演练脚本，汇总后形成综合演练脚本。综合演练脚本一般应包括总体目标、领导与指挥机构、时间安排、人员组织、演练内容、具体步骤、注意事项、其他要求等。

演练的目的是检查发现重大活动无线电安全的隐患及漏洞，检验参演团队各组的业务能力、沟通协调的配合能力及综合保障能力，检验参演车辆数量、车辆性能及配属是否满足本次重大活动保障的要求。

演练由指挥中心统筹指挥，遇有重大突发情况，报领导小组决策。按照活动规模和性质，分设总指挥、副总指挥、演练现场综合协调、演练现场技术指令下达、演练解说等岗位。按照人员职责和负责区域不同，设置相应小组，制定演练方案，并进行通讯录的制作。对所需车辆的性能、型号、数量、部署等要素一一列出。

演练通常包括以下内容：指挥调度体系是否顺畅；频率组利用电磁兼容分析工具对频率用户提出的应急频率申请进行指配；监测组对特定的频段进行保护性监测，一旦发现干扰信号，立即进行干扰查找定位；行政执法组对非法设台进行执法查处；其他必要的演练内容。

在演练实施前夕，还应提前做好以下工作：确定拟参演的车辆和装备，提前对参演车辆进行检查、维护、保养并加注燃油，提前确定参演设备工作是否正常、性能是否良好，对需要充电的装备及时充电；确定参演人员，并明确岗位职责和人员分工，确定重大事项汇报流程；推演演练步骤及可能出现的问题，必要时提前准备参演人员的饮食、住宿及给养；确定演练的主要内容、工作纪律、考核科目及程序、判分规则（如需要）、奖惩办法等；准备好参演人员和车辆的服装、标识，以及参演结束后用以评比的奖状、证书、奖牌等（如需要）；与重大活动相关单位沟通，对观摩人员及受邀嘉宾提前安排场地、标识、证件、住宿饮食等。视情况增加其他项目，如是否需要对无线电管理业务进行介绍（电磁兼容分析、台站管理、信息网络、无线电监测、设备检测等），是否需要开展无线电发射设备现场测试等。

4. 实施专项行动

针对利用无线电技术实施的违法行为，协调公安部门，于临战阶段在活动所在地（及周边省、区、市）开展专项打击治理工作，形成有效震慑，营造安全有序的电波环境。

5. 制定应急预案

为确保重大活动召开期间出现紧急情况时响应迅速、指挥顺畅，要对临战阶段各项工作开展风险评估，根据评估结果制定无线电安全保障应急预案，也可先制定应急预案草案，对其进行风险评估后进一步修改完善，形成正式应急预案。

1）应急组织架构

无线电安全保障应急预案中的组织架构应包括应急指挥组和应急处置组。

（1）应急指挥组。

应急指挥组设在总指挥组下，设应急总指挥、副总指挥及相关成员。其主要职责：授领无线电突发事件应急处置任务，研究应急预案的启动和终止，组织和指挥应急处置行动，协调相关无线电安全保障部门。

（2）应急处置组。

应急处置组依托各组组建，在应急指挥组的统一指挥下开展应急处置工作，一般设监测应急处置组、频率应急处置组、检测应急处置组、行政执法应急处置组。

监测应急处置组，负责在发生重大无线电干扰时，迅速采取技术手段对干扰源进行定位排查，配合行政执法组查处干扰或联合有关部门采取措施消除干扰。

频率应急处置组，负责做好应急频率储备，开展频率的应急指配工作。

检测应急处置组负责发射设备的应急检测，处置特定区域无线电发射设备准入制度过程中发生的应急突发事件。

行政执法应急处置组，负责重大无线电干扰查处和实施无线电管制期间的应急执法工作。

2）应急处置分类

（1）重大无线电干扰突发事件。

根据无线电干扰突发事件的严重程度、影响范围等因素，将其由高到低分为三个等级，作为无线电干扰应急分级处置的依据，并优先处置高等级突发事件。

一级：直接影响活动开展的无线电频率、涉外频率及现场转播频率受到干扰。

二级：保障中的各类指挥、调度频率受到干扰。

三级：直接服务活动开展的公众移动通信频率及非现场采访频率受到干扰。

（2）频率指配应急突发事件。

根据频率需求数量、时间要求、用户性质、影响范围等因素，将其分为一级、二级和三级，作为频率指配应急分级处置的依据，并优先处置高等级突发事件。

一级：活动开展过程中所指配的无线电频率受到非法干扰，影响活动进行且无法立即清除的情况。

二级：频率指配储备库无法满足用户申请，3 天内需要答复的；不符合我国频率划分，3天内需要答复的；涉及保障领导人安全的特殊用频指配的；频率指配系统在活动期间出现崩溃的。

三级：频率指配储备库无法满足用户申请，3 天以上需要答复的；不符合我国频率划分，3 天以上需要答复的；除保障领导人安全以外的其他特殊用频指配的；频率指配系统在活动期间无法完全满足工作需要的。

（3）检测应急突发事件。

根据活动期间特定区域无线电发射设备准入制度，对准入过程中可能出现的突发事件实施应急处置。

情形一：单位（个人）携带活动所必需的无线电发射设备，但尚未办理准入手续的。

情形二：单位（个人）拒不配合检查的。

情形三：安保人员或志愿者未按准入制度开展检查的。

（4）行政执法应急突发事件。

针对重大无线电干扰查处和实施无线电管制过程中发现的违法行为，以下情形应该启动应急行政执法工作。

情形一：重大无线电干扰必须通过现场执法予以消除的。

情形二：发现的违法行为如不及时执法，后续无线电管控工作无法开展的。

3）应急工作要求

应急处置组工作人员应当服从命令，听从指挥，坚守岗位，恪尽职守。

工作人员应保持通信联络畅通。备勤期间遇特殊情况需离岗的，要指定替班人员并向应急指挥组请假获准后方可离开。

应急突发事件处置要注意保密，对外信息由应急指挥组统一发布。

通信设备及时到位，每日检查设备的运行情况。对于指挥调度系统、通信系统、广播电视、图像传输等重要系统的设置和检查应予以重视。如需要视频，则要有专人调试设备、检查线路和通信情况。

14.4.3 无线电安全保障实战阶段

无线电安全保障实战阶段自活动正式开始至活动结束为止。该时间段也可根据具体任务要求另行确定。

1. 建立值班制度

保障期间，多数岗位实行 24 小时工作制度。为了加强保障团队管理，保证各项工作正常开展，提高保障工作效率，建立合理的值班制度十分必要。

1）总体要求

（1）编制值班表，落实值班人员。值班表由各组组长按要求提交综合协调组后，由综合协调组统一编排。

（2）坚守岗位，按时交接班。值班人员要坚守岗位，不得擅离职守。遇有重大问题或应急事件，及时汇报。

（3）严肃值班纪律。值班人员要认真履行职责，办理交接班手续，不得把无关人员带入保障现场。

2）交接要求

（1）按时交接班。接班人员提前15分钟到达岗位，在接班人员到达前，当班人员不能离岗。

（2）接班人员要详细了解前班值班情况和本班应注意的事项，应做到"三明"：上一班保障情况要明白；接班的保障任务要明白；物品设备清点要明白。

（3）当班人员发现问题要及时处理，交班时不宜移交给下一班的事项应处理完毕方可离岗，接班人员要积极协助完成。

（4）当班人员和接班人在值班表上做好记录和签名。

3）联络要求

（1）编制通信联络手册：综合协调组要收集各组的通信联络方式，各组要积极配合，通讯录至少要包括姓名、性别、单位及工作职务、保障中的职务、固话、手机、传真、电子邮件。

（2）试通要求：接班的值班人员在交接班工作完成后，按照方案规定的时间通过值班通信工具与其他各工作组进行通信联络试通，未联系上的要通过其他通信手段进行联络。

（3）通信用语要求：值班人员在通信联络时要做到，先梳理预通话内容，简化精练通信用语之后再通话；不得长时间占用值班电话和值班集群手机通话，不得谈论与工作无关的内容。

4）日志要求

（1）按照值班日志的填写要求，及时、完整、准确、清晰地填写值班电话记录（来电时间、来电单位、来电人姓名及职务、来电内容）、各组工作情况记录、问题记录、请示记录、领导指示记录、办理情况记录和交接班记录等相关工作内容。

（2）视情况和保障的重要性，每天按照预定的时间点，将各组工作情况及次日可预见的问题，汇编整理后写入值班日志。

5）人员要求

政治觉悟高、工作责任心强；熟悉并掌握无线电管控的有关法规、制度和流程；全面掌握工作内容，熟记值班岗位职责；熟悉工作总体方案和应急预案；能够熟练使用和维护值班的各种通信和办公器材；值班人员能够熟悉处理值班中的各种情况，并掌握值班的办公自动化软件，手写记录和打字录入速度适应工作要求；身体健康，能够胜任值班工作。

2. 规范开展保障工作

进入实战阶段，各组按照工作方案和应急预案，开展频率保护性监测、现场设备核验、干扰查处、应急处置等无线电管控工作，保障指挥调度、安全警卫、电视转播等频率安全可控。

1）监测工作开展

（1）工作分工。

为便于统一指挥，提高工作效率，活动进入实战阶段后，将按统一的组织架构和岗位分工开展各项监测工作，由监测组统筹协调，在指挥中心的指挥下执行各项任务（如需启动应急程序，各组按照应急预案开展工作）。按照活动区域以及保障重点，可划分为现场固定监测组、现场移动监测组、周边区域监测组、超短波固定监测组、卫星固定监测组、短波固定监测组、后备应急监测组。

现场固定监测组：可选取一个或多个制高点作为驻点，多为活动区域内的建筑物楼顶，要求视野开阔，能架设可搬移式监测测向系统、便携式监测测向设备、压制设备等。

现场机动监测组：以监测车为主要载体，分布在活动现场的重要区域，利用车载设备与现场固定组共同开展监测测向工作，同时车辆乘员必要时可下车利用便携式监测测向设备在车辆限行区域内徒步开展工作。必要时，在核心区域部署徒步监测定位力量。

周边区域监测组：核心区域以外还应划定若干机动区域，每个机动区域由一辆监测车负责，与固定监测站协同工作，开展本区域内的移动监测和干扰查找工作。

超短波固定监测组：负责操作各固定监测站设备，形成对现场及周边区域监测组的外围支持。

卫星固定监测组：主要负责对各涉及转播工作的转发器进行监测，并定位可能出现的干扰源位置。

短波固定监测组：主要负责对短波频段可能使用的频率及短波广播进行监测，并定位可能出现的干扰源位置。

后备应急监测组：至少设置 2 支后备应急监测力量，供紧急需要时统一调配使用。

（2）人员设备配备。

现场固定监测组：每小组配备 3~5 名监测技术人员，至少配备超短波频段可搬移式监测测向设备、测向定位设备、微波/卫星频段便携式监测测向设备、超短波频段无线电管制设备、其他专用监测设备等。

现场机动监测组：每小组配备 2~4 名监测技术人员，其中含司机 1 名，至少配备移动监测测向车、测向定位设备、超短波频段便携式监测测向设备、微波/卫星频段便携式监测测向设备、超短波频段无线电管制设备、专用监测设备等。

周边区域监测组：每小组配备 3~5 名监测技术人员，其中含司机 1 名，至少配备移动监测测向车、测向定位设备、超短波频段便携式监测测向设备、微波/卫星频段便携式监测测向设备、专用监测设备等。

后备监测组：每小组配备 2~4 名监测技术人员，其中含司机 1 名，至少配备移动监测测向车、测向定位设备、超短波频段便携式监测测向设备、微波/卫星频段便携式监测测向设备、超短波频段无线电管制设备、专用监测设备等。

注：司机最好由活动举办地熟悉路况的同志担任。

（3）工作任务和工作流程。

工作任务：各岗位对活动使用的频率和其他重点保护频段开展保护性监测，一旦发现干扰，迅速上报并按计划予以排除。

工作流程：主要有电磁环境测试流程、频率保护性监测流程、不明无线电信号处理流程、无线电干扰查处流程。

2）检测工作开展

设备检测组在实战阶段主要做好无线电发射设备的入场核验。如出现紧急情况，按照临战阶段编制的应急预案开展工作。

3）其他工作实施

如出现紧急情况，频率组、行政执法组等按照临战阶段编制的应急预案开展工作。

4）保障日志编写

各保障组，尤其是业务组，在保障期间应编制工作日志，按照制式要求及时、完整、准确、清晰地填写当天的工作情况。

14.4.4　无线电安全保障收尾阶段

无线电安全保障收尾阶段自活动结束后，至全部收尾工作完成。

1. 设备撤收

活动结束后，各组清点设备，并将场地恢复原状。

这里需要注意的是，开闭幕式涉及团队较多，在开闭幕式结束后，应组织人员对核心区域内的各类设施设备进行看守，避免拿错或遗失。

2. 保障总结

1）组长单位编制总结报告

工作总结应包括简写版和详写版两种。简写版尽量将工作量化，以数字展示为主，高度概括保障过程中的相关数据，通常不超过 1 000 字。详细版包括保障的基本情况、采用的主要方法、取得的亮点工作、典型事例、经验启示等。各组长单位在完成工作总结报告后，提交给综合协调组，由综合协调组转文秘宣传组编制总体工作总结报告。

2）召开安全保障总结会议

工作总结会一般在保障任务完成后的一个月内召开。会议的主要内容包括：各组长单位汇报无线电安全保障工作完成情况；保障主办单位做无线电安全保障总结；等等。

3. 宣传报道

对于前期不宜报道的体育赛事类保障，可在收尾阶段开展全面报道，宣传类型包括专访、专报、专版、专刊等；对于前期已开展报道工作的体育赛事类保障，可在收尾阶段开展总结性报道，并将前期宣传材料汇编成册。

4. 资料归档

应高度重视保障资料归档整理工作。活动结束后，将无线电安全保障工作中的所有文档资料按时间顺序归纳总结，汇编成册，为今后开展类似的工作提供文档资料累积，同时注意涉密资料的妥善处置。

14.4.5　保障各阶段工作要求

1. 监测工作各阶段要求

1）筹备阶段

使用固定站及移动监测车在重大活动周边区域及其道路沿线实施监测，为频率指配提供参考依据并及时发现非法电台。

前期现场监测工作应尽早开展，以便为频率指配和必要的频率调整留出充足的时间。在监测中，对有频率需求的频段进行重点扫描，充分摸清其应用情况，找出空闲频率，供频率指配工作参考。同时，根据频率组的要求，还应对特定设备使用的特定频率开展专项电磁环境测试。对于信噪比要求不高的设备，可以仅观察其使用的频率上是否有干扰信号存在；对于一些信噪比要求较高的设备，或活动开展的关键设备，需要分析其干扰允许电平，进行详细测试。若车载设备无法满足灵敏度要求，还应携带专用设备对其进行测试。

2）临战阶段

频率指配已基本完成，为了验证指配情况，预防干扰发生，应着手进行预防性监测。预防性监测应重点对已指配频率进行监测，及时发现新出现信号对已指配频率的影响。监测中，不能局限于已指配频率，还要关注已指配频率附近是否存在大信号，或射频指标不合格的发射，同时还要为频率的调整提供依据。

发现干扰信号后，应及时查找处理，以避免对已指配频率的影响。如有必要，应迅速告知频率台站组，及时调换频率。

在该阶段，现场监测人员还应抓紧时间熟悉活动现场及其附近的情况，掌握附近各种建筑物、道路及现场布置等信息，做到未雨绸缪，为活动举办过程中的突发事件做好准备。

3）实战阶段

在实战阶段，为充分保护各无线电设备的正常使用，现场监测的重心应调整至保护性监测上来。保护性监测中，应全力对已指配频率进行监测，及时发现干扰信号。需要注意的是，此时普通监测扫描无法确定某频率上出现的信号是活动中获得批准的无线电设备信号还是干扰信号，因此应结合信号参数分析加以辅助判断，必要时还要与用频单位联系，以进一步确定其信号属性。

2. 频率台站工作各阶段要求

1）筹备阶段

此阶段的主要任务是征求频率需求，筹集频率资源，制订指配计划，开展频率台站审批工作。

频率资源需求调研的方式一般有电话咨询、发函调查、登门征询、专题座谈等，广泛了解重大活动相关单位已用频率的频段、数量以及拟增用频率的需求。主动联系活动主办方，征询活动期间各个层面的无线电频率需求和活动开闭幕式、活动各区域无线电安全保障方面的需求；对相关媒体、电视转播、开闭幕式演出机构、公安、气象等部门开展频率需求调研。通过广泛调研，掌握重大活动频率使用情况，为筹集可用频率资源和统筹规划频率资源做好准备工作。

为筹集更多的频率资源，满足重大活动的需求，可采用以下途径来解决：与活动当地的用频单位协调，临时整合部分频率资源供重大活动使用；开展电磁兼容分析和模拟试验，拓展频率复用的范围。

2）临战阶段

结合监测情况，继续开展频率协调，进行必要的电磁兼容分析，进一步筹集备用频率资源。可通过以下方式开展工作：结合监测情况，对跨部门、跨地区的频率指配，召开协调会，进一步协调频率的使用；对于申报的干扰，必要时更换频率；对于重点频段，进一步筹集备用频率。

3）实战阶段

此阶段的主要任务是频率调整和调换，以及应急频率指配。其中应急频率指配要根据频率指配应急工作流程开展。

3. 设备检测工作各阶段要求

1）筹备阶段

此阶段的主要工作包括检测队伍的培训、标签的制定及设备检测工作。

培训内容主要包括：无线电管理工作人员的主要职责；新型仪器仪表使用方法；新型受检设备的工作原理及使用场合；设备检测受理方法和流程；设备检测方法和检测标准；测试软件及自动测试系统的使用；常见测试问题的解决方法。

备注：如实战阶段的入场标签核验工作需安检部门协助，还应对安检员进行专项培训。

2）临战阶段

在临战阶段，设备检测工作基本完成，主要是对检测设备清单进行核验，以及一些临时设备检测工作。

3）实战阶段

在实战阶段，设备检测工作组主要开展入场标签的核验，以及应急检测工作。但其职责应在工作中予以保留和体现。

14.4.6　无线电安全保障需重点关注的要点

重大活动无线电安全保障涉及的维度较多，既有无线电安全保障三类四级的划分，也有管理要素和技术要素力量配属。无论何种规模的保障工作，需要配属何种保障力量，都需要重点把握好以下要点：

1. 协调机制建立

根据活动开展用频情况，需提前向所需提供协助的单位或部门开展统筹协调工作。

2. 频率资源指配

提前收集可能使用的频率，建立频率资源储备库，重点做好 VIP 和涉外媒体的临时频率指配，并根据工作需要重点协调军队和民航部门开展此项工作。

3. 无线电管制实施

必要时组织实施局部区域阶段性无线电管制，确保无线电安全（包括压制和警示手段）。

4. 电磁环境清理

开展电磁环境摸底和清理工作，确保任务区域内、外的无线电技术应用及其他辐射电磁波的设备设施不对电磁环境造成影响或污染。

5. 专项行动开展

开展使用无线电技术实施违法犯罪的专项打击工作，避免活动期间违法信号出现，尤其要严密防范影响社会稳定的信号。

6. 应急专项处置

针对外国代表团采取无线电干扰等特殊安保措施，提前研究 VIP 是否使用无线电干扰设备，如可能使用，提前与外交部门商议制定应对措施；针对备降机场，密切跟踪重大活动是否有备降机场，以调配周边无线电技术力量参与保障。

7. 人车证件办理

要高度重视人员、车辆证件的办理，尤其涉及可能赴现场开展指导工作的人员的证件，应提前准备。

8. 临时站点选址

临时监测点和移动监测车的选址和部署很重要，尤其对移动监测车的供电及车证办理在实际工作中很关键，应提前准备。

9. 发射设备核验

保障现场无线电发射设备的核验通常需要安检部门协助，需要提前商请安检部门做好协调和对接工作。同时注意设备标签的中英文信息都应完备无误，且方便现场查验。

注：涉外检测的同志要具备一定的英语沟通能力。

10. 重点频率保障

开展无线电监测工作，确保任务区域内审批使用的无线电频率不受干扰，备用频率不被占用，及时查处无线电干扰，尤其是涉外临频、仪式表演、指挥调度、电视转播等用频。考虑到多数无线电干扰都是由保障部门间相互影响造成的，因此要做好系统间电磁兼容分析工作。

14.5　实施无线电安全保障涉及的相关法律法规

本节选取了涉及无线电行政执法相关的法律法规，节选了部分章节的内容；对于《中华人民共和国无线电管理条例》《中华人民共和国无线电管制规定》《中华人民共和国无线电频率划分规定》，只做了列举。

14.5.1　一般性法律法规

1.《中华人民共和国行政许可法》

第六十二条　行政机关可以对被许可人生产经营的产品依法进行抽样检查、检验、检测，对其生产经营场所依法进行实地检查。检查时，行政机关可以依法查阅或者要求被许可人报送有关材料；被许可人应当如实提供有关情况和材料。

行政机关根据法律、行政法规的规定，对直接关系公共安全、人身健康、生命财产安全的重要设备、设施进行定期检验。对检验合格的，行政机关应当发给相应的证明文件。

第六十六条　被许可人未依法履行开发利用自然资源义务或者未依法履行利用公共资源义务的，行政机关应当责令限期改正；被许可人在规定期限内不改正的，行政机关应当依照有关法律、行政法规的规定予以处理。

第六十八条　对直接关系公共安全、人身健康、生命财产安全的重要设备、设施，行政机关应当督促设计、建造、安装和使用单位建立相应的自检制度。

行政机关在监督检查时，发现直接关系公共安全、人身健康、生命财产安全的重要设备、设施存在安全隐患的，应当责令停止建造、安装和使用，并责令设计、建造、安装和使用单位立即改正。

2.《中华人民共和国行政处罚法（最新修正版）》

第八条　行政处罚的种类：

（一）警告；

（二）罚款；

（三）没收违法所得、没收非法财物；

（四）责令停产停业；

（五）暂扣或者吊销许可证、暂扣或者吊销执照；

（六）行政拘留；

（七）法律、行政法规规定的其他行政处罚。

第十七条　法律、法规授权的具有管理公共事务职能的组织可以在法定授权范围内实施行政处罚。

3.《中华人民共和国行政强制法》

第三条　行政强制的设定和实施，适用本法。

发生或者即将发生自然灾害、事故灾难、公共卫生事件或者社会安全事件等突发事件，行政机关采取应急措施或者临时措施，依照有关法律、行政法规的规定执行。

第九条 行政强制措施的种类：

（一）限制公民人身自由；

（二）查封场所、设施或者财物；

（三）扣押财物；

（四）冻结存款、汇款；

（五）其他行政强制措施。

第十二条 行政强制执行的方式：

（一）加处罚款或者滞纳金；

（二）划拨存款、汇款；

（三）拍卖或者依法处理查封、扣押的场所、设施或者财物；

（四）排除妨碍、恢复原状；

（五）代履行；

（六）其他强制执行方式。

4.《中华人民共和国刑法修正案（九）》

第二百八十八条 违反国家规定，擅自设置、使用无线电（站），或者擅自使用无线电频率，干扰无线电通信秩序，情节严重的，处三年以下有期徒刑、拘役或者管制，并处或者单处罚金；情节特别严重的，处三年以上七年以下有期徒刑，并处罚金。

5.《中华人民共和国物权法》

第五十条 无线电频谱资源属于国家所有。

6.《中华人民共和国治安管理处罚法》

第二十八条 违反国家规定，故意干扰无线电业务正常进行的，或者对正常运行的无线电台（站）产生有害干扰，经有关主管部门指出后，拒不采取有效措施消除的，处五日以上十日以下拘留；情节严重的，处十日以上十五日以下拘留。

14.5.2 无线电管理法律法规

1.《中华人民共和国无线电管理条例》

参看 2016 年发布的《中华人民共和国无线电管理条例》。

2.《中华人民共和国民用航空法》

第八十八条 国务院民用航空主管部门应当依法对民用航空无线电台和分配给民用航空系统使用的专用频率实施管理。任何单位或者个人使用的无线电台和其他仪器、装置，不得妨碍民用航空无线电专用频率的正常使用。对民用航空无线电专用频率造成有害干扰的，有关单位或者个人应当迅速排除干扰；排除干扰前，应当停止使用该无线电台或者其他仪器、装置。

3.《外国常驻新闻机构和外国记者采访条例》

第十九条 外国常驻新闻机构和外国记者因采访报道需要，在依法履行报批手续后，可以临时进口、设置和使用无线电通信设备。

4.《中华人民共和国电信条例》

第二十七条　国家对电信资源统一规划、集中管理、合理分配，实行有偿使用制度。前款所称电信资源，是指无线电频率、卫星轨道位置、电信网码号等用于实现电信功能且有限的资源。

第七十条　违反本条例规定，有下列行为之一的，由国务院信息产业主管部门或者省、自治区、直辖市电信管理机构依据职权责令改正，没收违法所得，处违法所得 3 倍以上 5 倍以下罚款；没有违法所得或者违法所得不足 5 万元的，处 10 万元以上 100 万元以下罚款；情节严重的，责令停业整顿。

（一）违反本条例第七条第三款的规定或者有本条例第五十九条第（一）项所列行为，擅自经营电信业务的，或者超范围经营电信业务的；

（二）未通过国务院信息产业主管部门批准，设立国际通信出入口进行国际通信的；

（三）擅自使用、转让、出租电信资源或者改变电信资源用途的；

（四）擅自中断网间互联互通或者接入服务的；

（五）拒不履行普遍服务义务的。

5.《民用机场管理条例》

第五十三条　民用机场所在地方无线电管理机构应当会同地区民用航空管理机构按照国家无线电管理的有关规定和标准确定民用机场电磁环境保护区域，并向社会公布。

民用机场电磁环境保护区域包括设置在民用机场总体规划区域内的民用航空无线电台（站）电磁环境保护区域和民用机场飞行区电磁环境保护区域。

第五十四条　设置、使用地面民用航空无线电台（站），应当经民用航空管理部门审核后，按照国家无线电管理有关规定办理审批手续，领取无线电台执照。

第五十五条　在民用机场电磁环境保护区域内设置、使用非民用航空无线电台（站）的，无线电管理机构应当在征求民用机场所在地地区民用航空管理机构意见后，按照国家无线电管理的有关规定审批。

第五十六条　禁止在民用航空无线电台（站）电磁环境保护区域内，从事下列影响民用机场电磁环境的活动：

（一）修建架空高压输电线、架空金属线、铁路、公路、电力排灌站；

（二）存放金属堆积物；

（三）种植高大植物；

（四）从事掘土、采砂、采石等改变地形地貌的活动；

（五）国务院民用航空主管部门规定的其他影响民用机场电磁环境的行为。

第五十七条　任何单位或者个人使用的无线电台（站）和其他仪器、装置，不得对民用航空无线电专用频率的正常使用产生干扰。

第五十八条　民用航空无线电专用频率受到干扰时，机场管理机构和民用航空管理部门应当立即采取排查措施，及时消除；无法消除的，应当通报民用机场所在地地方无线电管理机构。接到通报的无线电管理机构应当采取措施，依法查处。

第八十条　违反本条例的规定，使用的无线电台（站）或者其他仪器、装置，对民用航空无线电专用频率的正常使用产生干扰的，由民用机场所在地无线电管理机构责令改正；情节严重的，处 2 万元以上 10 万元以下的罚款。

第八十一条 违反本条例的规定，在民用航空无线电台（站）电磁环境保护区域内从事下列活动的，由民用机场所在地县级以上地方人民政府责令改正；情节严重的，处 2 万元以上 10 万元以下的罚款：

（一）修建架空高压输电线、架空金属线、铁路、公路、电力排灌站；

（二）存放金属堆积物；

（三）从事掘土、采砂、采石等改变地形地貌的活动；

（四）国务院民用航空主管部门规定的其他影响民用机场电磁环境保护的行为。

6.《广播电视管理条例》

第十八条 国务院广播电视行政部门负责指配广播电视专用频段的频率，并核发频率专用指配证明。

第十九条 设立广播电视发射台、转播台、微波站、卫星上行站，应当按照国家有关规定，持国务院广播电视行政部门核发的频率专用指配证明，向国家的或者省、自治区、直辖市的无线电管理机构办理审批手续，领取无线电台执照。

第二十条 广播电视发射台、转播台应当按照国务院广播电视行政部门的有关规定发射、转播广播电视节目。广播电视发射台、转播台经核准使用的频率、频段不得出租、转让，已经批准的各项技术参数不得擅自变更。

第二十八条 任何单位和个人不得侵占、干扰广播电视专用频率，不得擅自截传、干扰、解扰广播电视信号。

第四十七条 违反本条例规定，擅自设立广播电台、电视台、教育电视台、有线广播电视传输覆盖网、广播电视站的，由县级以上人民政府广播电视行政部门予以取缔，没收其从事违法活动的设备，并处投资总额 1 倍以上 2 倍以下的罚款。

擅自设立广播电视发射台、转播台、微波站、卫星上行站的，由县级以上人民政府广播电视行政部门予以取缔，没收其从事违法活动的设备，并处投资总额 1 倍以上 2 倍以下的罚款；或者由无线电管理机构依照国家无线电管理的有关规定予以处罚。

第五十一条 违反本条例规定，有下列行为之一的，由县级以上人民政府广播电视行政部门责令停止违法活动，给予警告，没收违法所得和从事违法活动的专用工具、设备，可以并处 2 万元以下的罚款；情节严重的，由原批准机关吊销许可证：

（一）出租、转让频率、频段，擅自变更广播电视发射台、转播台技术参数的；

（二）广播电视发射台、转播台擅自播放自办节目、插播广告的；

（三）未经批准，擅自利用卫星方式传输广播电视节目的；

（四）未经批准，擅自以卫星等传输方式进口、转播境外广播电视节目的；

（五）未经批准，擅自利用有线广播电视传输覆盖网播放节目的；

（六）未经批准，擅自进行广播电视传输覆盖网的工程选址、设计、施工、安装的；

（七）侵占、干扰广播电视专用频率，擅自截传、干扰、解扰广播电视信号的。

14.5.3 其他相关规定

（1）《中华人民共和国无线电管制规定》。

（2）《中华人民共和国无线电频率划分规定》。

本章小结

（1）无线电安全保障是一项综合化、系统化的工作，是国家安全的重要组成部分。无线电管理"三管理、三服务、一突出"总体要求对无线电安全保障做出 "突出做好重点无线电安全保障"具体部署。

（2）按照活动的性质、影响力、涉及领域、参与人员等要素，将重大活动划分为政治经济类、体育赛事类、会议展览类三类。

（3）参照《中华人民共和国突发事件应对法》第四十二条"国家建立健全突发事件预警制度"有关精神，按照活动影响力、领导人出席情况、活动举办频次等基本要素，将重大活动无线电安全保障的等级划分为一至四级。

（4）重大活动无线电安全保障的要素主要分管理要素和技术要素。其中，管理要素可划分为联席会议工作要素、总指挥工作要素、综合协调工作要素、行政执法工作要素、宣传工作要素、后勤保障工作要素；技术要素可划分为频率台站工作要素、监测工作要素、设备检测工作要素。

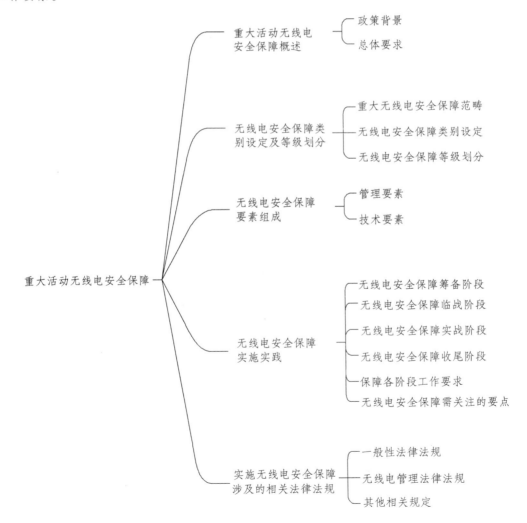

思考与练习

（1）无线电管制是什么？

（2）无线电管制的实施机构有哪些？

（3）无线电管制的实施措施有哪些？

无线电新业务与挑战篇

第 15 章　无线电新业务与无线电管理新挑战

1. 了解无线电的新业务、新应用；
2. 理解无线电管理的新手段。

15.1　无线电新业务

15.1.1　6G 技术

6G 技术作为新一代移动通信技术，是 5G 技术的进一步发展和提升。本章将介绍 6G 技术的相关技术，包括超高速率和超低延迟、智能表面技术、网络切片技术、人工智能和大数据应用等，并解释它们在 6G 技术中的重要性和作用。

1. 超高速率和超低延迟

6G 技术将进一步提高传输速率和降低延迟，实现更快的数据传输和更流畅的网络体验。与 5G 技术相比，6G 技术将采用更高的频率和更先进的信号处理技术，以提高传输速率和降低延迟。此外，6G 技术还将采用更智能的调度算法和网络架构，以优化网络资源并提高网络性能。

2. 智能表面技术

智能表面技术是一种利用智能算法和信号处理技术来优化无线信号传输的技术。在 6G 技术中，智能表面技术将被广泛应用于基站、终端设备、路由协议等方面，以提高无线信号的覆盖范围和传输速率。智能表面技术可以通过对信号进行智能调度和优化处理，减少信号衰减和干扰，从而提高信号质量和网络性能。

3. 网络切片技术

网络切片技术是一种将网络资源虚拟化的技术，可以根据不同业务的需求提供定制化的网络服务。在 6G 技术中，网络切片技术将更加成熟和智能化，可以为不同业务提供独立的网络资源和优化配置。网络切片技术可以通过对网络资源的精细管理和优化配置，提高网络资源的利用效率和业务性能。

4. 人工智能和大数据应用

人工智能和大数据应用在 6G 技术中将继续得到广泛应用。通过人工智能算法和大数据分析技术，可以实现网络的自适应和智能化管理，提高网络性能和用户体验。例如，通过人工智能算法对网络流量进行预测和管理，可以优化网络资源的分配并提高网络效率；通过大数据分析技术对网络运行数据进行挖掘和分析，可以发现网络问题和优化网络架构。

随着技术的不断发展和创新，6G 技术将为我们带来更加快速、稳定、智能的网络体验，同时还将为物联网、工业互联网、智能交通等领域的发展提供强有力的支持。未来，我们需要进一步研究和探索 6G 技术的实现和应用，以推动移动通信技术的持续发展和进步。

5. 6G 技术展望

尽管 5G 技术尚未完全普及，但研究人员已经开始探索 6G 技术的可能性。6G 技术将进一步提高速度、降低延迟和增加容量，为更多的应用场景提供支持。以下是一些 6G 技术的可能特点：

（1）更高的速度：6G 技术将进一步提高速度，超过 5G 技术的 10 倍。这将使得更高质量的视频和虚拟现实等应用成为可能。

（2）更低的延迟：6G 技术将进一步降低延迟，使得实时通信和远程控制应用更加可靠。例如，远程手术和远程教育等应用将得到进一步发展。

（3）更大的容量：6G 技术将提供更大的容量，支持更多的设备连接。这将使得物联网和移动云计算等应用更加广泛。

（4）更智能化的网络：6G 技术将引入更多的人工智能和机器学习技术，实现网络的智能化和自适应能力。这将提高网络的效率和可靠性。

（5）更环保的技术：6G 技术将进一步改善能源效率，降低对环境的影响。例如，利用太阳能和无线能量传输等技术，减小对传输设备的依赖。

5G 技术的广泛应用将极大地改变人们的生活和工作方式。同时，6G 技术的研究和发展也已经开始，为更多的应用场景提供支持。我们期待未来的移动通信技术能够更好地满足人们的需求，推动社会的发展。

15.1.2　6G 技术对无线电管理的挑战

随着移动通信技术的不断发展，我们正在迈向 5G 时代，但 6G 技术的研究和探索也已经开始。6G 技术将在 5G 技术的基础上进一步提升速度和容量并降低延迟等性能指标，为更广泛的应用场景提供支持。然而，6G 技术也将给无线电管理带来一系列挑战。本小节将介绍 6G 技术对无线电管理的挑战，并探讨解决这些挑战的方法。

1. 频谱管理挑战

频谱是通信的基石，对无线电管理至关重要。随着 6G 技术的到来，对频谱资源的需求将进一步增加。现有的频谱资源已经有限，如何高效地利用现有频谱资源，成为 6G 技术发展的关键问题。

解决频谱管理挑战的方法包括：

（1）频谱共享：6G 技术可以通过更先进的频谱共享技术，实现不同技术和服务在同一频段内共享频谱资源，提高频谱利用率。

（2）频谱切片：引入频谱切片技术，将频谱资源按需分割成不同的片段，为不同应用提供独立的频谱资源，提高频谱的利用效率。

（3）新频段开发：探索新的频段，如毫米波、太赫兹波等，为 6G 技术提供更多的频谱资源。

2. 频谱管理的国际协调挑战

6G 技术的发展是全世界范围内的，各国和地区都在积极推进 6G 网络的建设。然而，频谱管理存在一定的国际协调挑战。

解决国际协调挑战的方法包括：

（1）国际合作机制：建立国际频谱合作机制，推动各国之间的频谱协调，确保频谱资源的高效利用和互操作性。

（2）频谱谈判与协商：通过频谱谈判和协商，解决不同国家和地区之间的频谱分配和使用问题，达成共识，促进频谱管理的国际标准化。

（3）频谱共享与漫游：推动频谱共享和漫游机制的发展，使得用户可以在不同国家、地区和网络之间无缝切换和使用频谱资源。

3. 频率规划与干扰管理挑战

6G 技术将继续使用高频段和更高的频率，这使得频率规划和干扰管理成为重要挑战。

解决频率规划和干扰管理挑战的方法包括：

（1）频率规划优化：优化频率规划，合理分配频率资源，减少频率重叠和干扰。

（2）动态频率资源分配：引入动态频率资源分配技术，根据实际需求动态分配频率资源，提高频谱利用效率。

（3）智能干扰管理：利用智能算法和机器学习技术，实时监测和管理干扰，减小无线电干扰对网络性能的影响。

4. 安全与隐私挑战

6G 技术将支持更多的智能设备和互联网应用，这也给安全和隐私带来新的挑战。

解决安全与隐私挑战的方法包括：

（1）加密与认证：采用更强大的加密和认证机制，保护数据的安全性和用户的隐私。

（2）安全监测与防御：建立安全监测和防御系统，及时发现和应对网络攻击和威胁。

（3）隐私保护：加强隐私保护机制，确保用户的个人信息得到有效保护。

6G 技术的发展对无线电管理带来的这一系列挑战，需要全世界范围内的合作与研究，需要创新技术和政策支持。通过克服这些挑战，我们将为下一代移动通信技术的发展奠定坚实的基础。

15.1.3　卫星互联网

1. 卫星互联网简介

随着信息技术的迅猛发展，互联网已经成为人们生活和工作不可或缺的一部分。然而，在某些偏远地区或灾难发生后，传统的地面网络无法满足人们对网络连接的需求。为了解决这一问题，卫星互联网技术应运而生。卫星互联网是一种通过卫星系统实现全世界范围内互联网接入的技术。它利用卫星作为信息传输的媒介，可以覆盖地面无法直接连接的区域，为用户提供高速稳定的互联网连接。下面将介绍卫星互联网的简介和相关技术，以及卫星互联网的基本概念和工作原理，并探讨其在连接偏远地区和应急情况下的应用。

1）卫星互联网简介

卫星互联网是一种基于卫星通信系统的互联网接入方式。传统的互联网主要依靠地面的光纤、电缆等传输媒介进行数据传输，而卫星互联网则通过卫星系统将数据从用户终端传输到地面站点，再通过地面站点与互联网相连，实现全世界范围内的互联网接入。

卫星互联网的优势在于它可以覆盖地面无法直接连接的地区，例如偏远地区、海洋、高山等。对于这些地区的用户来说，卫星互联网是唯一可行的高速互联网接入方式。此外，卫星互联网还可以作为传统互联网的备用通信方式，在地面网络故障或灾难事件发生时，仍然能够保持通信连接。

2）卫星通信技术

卫星通信技术是卫星互联网的核心技术之一。它通过卫星将信息传输到地面站，再由地面站将信息传输到互联网上。卫星通信技术包括卫星信号的调制解调、编码解码、多路复用等技术。

卫星通信技术具有高速、大容量、远距离传输的优点。其中，高速传输可以满足大量数据传输的需求；大容量可以满足多用户同时通信的需求；远距离传输可以覆盖地面网络无法覆盖的地区。

3）地面网络技术

地面网络技术是卫星互联网的另一项核心技术。它通过地面站将信息传输到互联网上。地面网络技术包括路由协议、网络安全等技术。

地面网络技术具有高可靠性、高稳定性的优点。其中，高可靠性可以保证数据传输的准确性；高稳定性可以保证网络的可用性。

4）应用场景

卫星互联网可以应用于各种领域，例如：

军事通信：卫星互联网可以在军事通信中发挥重要作用，实现远距离、高速、大容量的数据传输。

灾难救援：在灾难发生后，卫星互联网可以通过快速部署，为灾区提供网络连接，为救援工作提供支持。

航空航天：卫星互联网可以应用于航空航天领域，为飞机、卫星等提供网络连接服务。

海洋渔业：卫星互联网可以应用于海洋渔业领域，为渔民提供海上通信服务。

农村通信：卫星互联网可以应用于农村通信领域，为农村地区提供网络连接服务。

移动通信：卫星互联网可以应用于移动通信领域，为移动设备提供网络连接服务。

全球通信：卫星互联网可以应用于全球通信领域，为全球用户提供网络连接服务。

2. 卫星互联网技术介绍

1）卫星通信系统

卫星互联网的核心是卫星通信系统。该系统由地面站、卫星和用户终端组成。地面站负责与卫星进行通信，并与互联网相连。卫星作为信息传输的媒介，接收地面站发送的数据，再将数据传输到另一个地面站或用户终端。用户终端通过卫星接收和发送数据，实现互联网接入。

2）GEO、LEO 和 MEO 卫星

卫星通信系统中常用的卫星包括地球同步轨道（GEO）卫星、低地球轨道（LEO）卫星和中地球轨道（MEO）卫星。GEO 卫星位于地球同步轨道上，距离地球约 3.6 万千米，传输时延较大，但覆盖范围广，适合提供全球范围内的互联网接入。LEO 卫星位于地球较低的轨道上，距离地球较近，传输时延较小，但需要较多的卫星组网才能实现全球覆盖。MEO 卫星则介于 GEO 卫星和 LEO 卫星之间，具有较小的传输时延和较大的覆盖范围。

3）高频与低频传输

卫星互联网的数据传输主要依靠无线电波进行。根据传输频率的不同，可以将卫星通信分为高频和低频两种。高频传输主要利用 Ka 波段，具有高带宽和高速率的优势，适用于大规模的数据传输和高速互联网接入。低频传输主要利用 Ku 波段，具有较大的传输范围和较强的抗干扰能力，适用于广域覆盖和稳定互联网接入。

4）卫星互联网服务提供商

目前，全世界范围内有多家卫星互联网服务提供商。他们通过部署卫星通信系统和地面基础设施，为用户提供互联网接入服务。这些服务提供商通常提供不同的服务套餐和价格方案，用户可以根据自身需求选择合适的服务。

3. 卫星互联网的应用领域

卫星互联网在许多领域都有广泛的应用。以下列举几个典型的应用领域：

偏远地区通信：卫星互联网能够覆盖偏远地区，为那些没有接入传统互联网的地区提供通信服务，改善当地的信息交流和经济发展。

海洋通信：卫星互联网可以覆盖海洋领域，提供海上船舶、油田平台等海洋工作人员的互联网接入，实现实时通信和数据传输。

灾难救援：在灾难发生时，地面网络往往容易受到破坏，而卫星互联网可以作为备用通信方式，为灾区提供紧急通信和救援支持。

航空航天领域：卫星互联网在航空航天领域有着重要的应用，可以为飞机提供互联网接入，改善乘客的航空体验和航空公司的运营管理。

卫星互联网作为一种基于卫星通信系统的全球互联网接入方式，为偏远地区、海洋和航空航天领域等无法接入传统互联网的地方提供了重要的通信支持。随着卫星技术的不断发展，卫星互联网将会在更多的领域得到应用，并为人们带来更便捷、更高效的互联网体验。

15.2　无线电管理新手段

在探讨无线电技术管理新频谱技术的问题时，我们首先需要认识到无线电频谱资源的稀缺性和重要性。随着无线通信技术的飞速发展和无线通信设备的广泛应用，无线电频谱资源管理面临着资源短缺、分配不合理和电磁环境恶化的严峻挑战。为了应对这些挑战，动态频谱管理（DSM）和智能频谱管理（SSM）等新技术被提出并逐渐得到应用。

15.2.1　动态频谱管理

1. 动态频谱管理的定义

动态频谱管理（Dynamic Spectrum Management，DSM）是一种先进的无线电技术，旨在提高频谱资源的利用率和效率。它通过实时调整频谱分配策略来应对频谱资源的稀缺性和不断变化的需求，从而优化通信系统的性能并减少干扰。DSM 的核心原理是动态地、实时地管理和调整频谱资源的使用，以适应环境变化和用户需求。其中包括频谱检测、频谱判决、频谱接入与共享以及频谱移动性等关键环节。DSM 能够识别空闲频谱并允许非授权用户（如认知无线电）在不干扰授权用户的情况下使用这些频谱。此外，DSM 还涉及频谱感知技术，即通过监测当前的频谱使用情况来做出更加智能的频谱分配决策。

2. 动态频谱管理的技术特点

1）提高频谱利用率

传统的静态频谱管理体制导致频谱资源短缺现象，而 DSM 技术通过允许机会式接入空闲频谱，提高了频谱管理的精确性和实时性，有效解决了频谱稀缺问题。

2）适应性强和灵活性高

DSM 技术不依赖公共设施，组网灵活，能够适应不同的网络环境和需求。基于感知、数据库和模型的 DSM 各有优势，能够更加灵活、高效地管理用频行为。

3）减少干扰和提升系统性能

DSM 技术通过优化频谱平衡和功率分配等算法，有效减少了数字用户线（DSL）系统中的串扰效应，提升了系统的数据传输速率。此外，DSM 技术还能通过动态调整传输参数来避免干扰，保证军事通信中的安全性。

4）支持多种 DSM 算法

DSM 技术涵盖了多种算法，包括最优频谱平衡（OSB）、迭代频谱平衡（ISB）、自治频谱平衡（ASB）等，这些算法在性能（可达到的数据速率）和计算复杂度方面各有特点。

5）促进无线通信产业的可持续发展

DSM 技术是推动无线通信产业可持续发展的必由之路。它不仅提高了频谱利用率，还促进了新技术的应用和发展。

6）面向未来的演进

随着无线通信技术的快速发展，DSM 技术也在不断进化。例如，基于隐马尔科夫模型的 DSM 策略研究，考虑了非理想环境下的频谱管理问题，提出了频谱感知与频谱切换联合设计方案，以降低主要用户的干扰，并提高次要用户的频谱处理时延。

7）基于策略的动态分配

提出了一种基于策略的频谱资源动态分配技术，该技术通过从管理中心向用频设备感知侧转移架构重心，根据认知用户的有限感知结果制定频谱管理策略并下发到用频设备，从而解决了频谱资源利用率低下的问题。

8）分布式架构的支持

DSM 技术支持分布式架构，如 SMAP 系统，它通过互联网基础的共同频谱控制平面，使无线设备和网络能够协调其频谱使用，实现效率和公平性的优化。

3. 动态频谱管理的应用领域

动态频谱管理在无线电技术中的应用场景广泛，涵盖了从军事通信到民用无线网络的多个领域。

1）军事和战术通信

DSM 技术在军事通信中的应用主要集中在提高频谱利用率和减少干扰方面。通过采用认知无线电（Cognitive Radio，CR）技术和动态频谱接入（Dynamic Spectrum Access，DSA），DSM 能够在不干扰主要用户的情况下，为次要用户提供频谱资源。例如，通过中心化的协调动态频谱接入（Coordinated Dynamic Spectrum Access，CDSA）和分布式的偶然频谱接入（Opportunistic Spectrum Access，OSA），DSM 技术能够自动化无线网络的规划并动态响应无线电环境的变化。此外，DSM 还被视为解决军事战术无线电通信中频谱稀缺和部署困难的关键技术。

2）5G 通信

随着 5G 通信的发展，对数据流量的需求急剧增加，预计今后每年将翻倍。DSM 技术在 5G 通信中的应用主要是通过利用额外的频段和保证尽可能多地授权和非授权频谱访问，来支持所需的大量数据流量。这包括采用先进的接收技术、新型的合作多点传输方案、创新的多天线解决方案以及异构网络的有效部署等方法来增加网络容量。

3）认知无线电网络

认知无线电是一种智能无线通信系统，能够根据环境变化学习并适应，以实现高效利用无线电频谱。DSM 在认知无线电网络中的应用，主要通过频谱场景分析、信道状态估计和预测建模，以及功率控制和动态频谱管理等基本认知任务来提高通信的可靠性和频谱的利用效率。

4）数字用户线（DSL）系统

在数字用户线系统中，DSM 被用于减小串扰的影响，通过各种 DSM 算法（如最优频谱平衡、迭代频谱平衡、自主频谱平衡等）来优化传输参数，从而提高数据速率并降低计算复杂性。

15.2.2　智能频谱管理

1.　智能频谱管理的定义

智能频谱管理（SSM）是一种高效、动态的频谱资源管理方法，旨在提高频谱利用率和确保通信质量。随着无线通信技术的发展，特别是 5G、物联网、车联网和低轨卫星互联网等技术的广泛应用，对频谱资源的需求日益增加，频谱资源的紧缺和浪费问题变得尤为突出。因此，传统的静态频谱分配机制已经无法满足现代无线通信系统的需求，需要一种更加灵活和高效的频谱管理方法来解决这一问题。智能频谱管理（SSM）通过引入人工智能（AI）技术和大数据分析技术，实现了对频谱资源的智能化管理和优化。它能够实时监测和分析频谱使用情况，自动识别频谱冲突和干扰源，动态调整频谱分配策略，以提高频谱利用率和保证通信质量。SSM 的核心在于利用 AI 技术，如深度学习、卷积神经网络和强化学习等，对大量复杂的频谱数据进行处理和分析，从而实现对频谱资源的智能管理和优化。

2.　智能频谱管理的技术特点

1）基于人工智能的决策支持

智能频谱管理技术利用人工智能（AI）策略，如深度学习、卷积神经网络和强化学习等，来提高频谱资源的利用效率和管理的智能化水平。这些 AI 技术能够处理大量的数据，通过模式识别和预测分析，为频谱资源的分配和使用提供科学的决策支持。

2）动态资源分配

智能频谱管理技术强调动态资源分配的重要性，以应对无线通信系统中频谱资源的稀缺性和不确定性。这种动态管理不仅包括频谱的临时共享和使用权的动态调整，还涉及基于实时数据的频谱资源优化配置。

3）对复杂电磁环境的适应能力

在复杂的电磁环境下，智能频谱管理技术能够有效地应对频谱安全问题、频谱对抗安全和频谱共享安全等挑战。通过对复杂电磁环境下的频谱秩序、行为和态势进行感知、推理和决策，智能频谱管理技术能够实现高效的频谱管控。

4）智能化与自动化

智能频谱管理技术通过引入知识图谱理论和技术，实现了频谱管理的自动化和智能化。这种基于频谱知识图谱的智能频谱管理框架能够提供用频推荐、频谱搜索和频谱问答等服务，从而提高频谱资源的利用率和管理效率。

3.　智能频谱管理的应用领域

智能频谱管理应用是一个高度综合和跨学科的研究领域，涉及人工智能（AI）、大数据分析、机器学习、多源信息融合等多个技术领域。

1）人工智能与机器学习

人工智能与机器学习技术在智能频谱管理中的应用，包括但不限于深度学习、强化学习等，用于优化频谱分配策略、预测频谱使用情况以及实现自适应频谱管理。这些技术能够处理大量的数据，从中学习模式和趋势，以指导频谱资源的有效分配和使用。

2）大数据分析

大数据技术在智能频谱管理中的应用，主要是通过对大量频谱数据的收集、存储和分析，来预测频谱使用情况和优化频谱资源的分配。大数据分析能够揭示频谱使用的模式和趋势，为频谱管理提供决策支持。

3）多源信息融合

多源信息融合技术的应用，旨在整合来自不同来源的频谱信息，以提高频谱管理的准确性和效率。这种技术能够处理来自不同传感器和平台的数据，通过信息融合算法将这些数据整合在一起，以获得更全面的频谱使用情况。

15.3 无线电管理与车联网技术

车联网通信频段主要包括 5.9 GHz 频段，这一频段被规划用于基于第四代移动通信技术演进形成的 LTE-V2X 智能网联汽车直连通信技术。具体而言，5 905 ~ 5 925 MHz 频段共 20 MHz 带宽的专用频率资源被规划用于实现车与车、车与人、车与路之间的直连通信。这些频段的应用主要体现在支持国家经济特区、新区、自由贸易试验区发展智能交通，在频率资源集中统一管理的前提下，鼓励地方先行先试，允许具备条件的地方无线电管理机构实施频率使用许可。此外，简化行政审批手续，仅路边设施无线电设备需取得频率使用许可和无线电台执照，对车载和便携无线电设备则予以豁免，兼顾了管理和使用的需要。

15.3.1 车联网无线电通信

车辆无线通信网络可以分为车内总线通信和车载无线通信两部分。其中车内总线通信主要是以汽车线束为载体，通过不同形式、不同速率连接车内各域控制节点；而车载无线通信则是通过无线信号与车内节点、车外设备设施形成交互的一种技术。

在架构上，车联网的整体网络架构可划分为无线侧、有线侧和服务端三个部分，各自包含关键组件，共同构建出强大而稳固的网络基础。无线侧是通信的基石，扮演着至关重要的角色。此外，车载通信技术还包括了 CAN、LIN、CANFD、SENT、FlexRay 以及目前最热门的车载以太网技术等多种车载总线形式。

15.3.2 车联网技术

车辆无线通信网络的关键技术研究热点主要包括智能交通信号控制、车辆调度、碰撞预警等。通过车联网技术，车辆可以实时获取周围车辆和交通信号的信息，实现智能驾驶和行车安全保障。同时，车联网技术还可以实现车辆间的信息共享和协同驾驶，提高交通效率。

15.3.3　技术使用的频率与无线电管理的意义和挑战

1．技术使用的频率

随着车联网技术的普及和应用，其使用的频率越来越高。在智慧城市领域，城市基础设施的智能化管理需要大量的物联网设备；在智能交通领域，车辆之间的通信和交通信号的智能控制都需要车联网技术的支持。因此，物联网和车联网技术的使用频率越来越高。

2．无线电管理的意义

无线电管理对车联网技术的发展具有重要意义。首先，无线电管理可以确保无线通信的稳定性和安全性，避免信号干扰和数据泄露等问题。其次，无线电管理可以优化无线频谱资源的分配和使用，提高无线通信的效率和质量。最后，无线电管理可以推动无线通信技术的创新和发展，为车联网技术的发展提供有力支持。

3．无线电管理技术对车联网的影响

无线电管理技术对车联网的影响主要体现在以下几个方面：

1）频率规划与管理

工业和信息化部发布的《车联网（智能网联汽车）直连通信使用 5 905～5 925 MHz 频段管理规定（暂行）》明确了车联网直连通信的工作频段，为基于 LTE-V2X 技术的车联网提供了专用频率资源。这表明无线电管理技术通过合理的频率规划和管理，为车联网的发展提供了重要的基础设施支持。

2）促进技术创新与应用

无线电管理技术的应用促进了车载无线通信技术的发展，如 UWB 技术在智能电动汽车上的应用，实现了进入、定位、传输、感应、泊车、充电、支付等多方面的功能。此外，5G、6G 及量子通信等先进通信技术的研究也在不断推进，为车联网提供了更高速率的数据接入服务。

3）提高交通安全与效率

无线电管理技术通过确保车联网系统的稳定运行，提高了驾驶安全性。例如，毫米波车地无线传输技术可以实现车辆之间的高速通信，实时交换行车信息，从而提高道路使用效率和减少交通事故。

4）推动产业标准化与国际化

无线电管理技术还涉及车联网频率许可、台站许可、干扰保护等方面的规定，这些规定有助于形成统一的技术标准和操作规范，促进车联网技术的国际化发展。同时，我国在 3GPP 车联网技术标准制定过程中启动了相关研究课题，展示了积极的探索和响应态度。

4．无线电管理的挑战

随着车联网技术的快速发展，无线电管理面临着诸多挑战。首先，无线通信设备的数量不断增加，对无线频谱资源的需求也越来越大。其次，无线通信设备的种类繁多，对无线电管理提出了更高的要求。此外，随着 5G 等新一代通信技术的普及和应用，无线电管理还需要面对新的技术和标准带来的挑战。

车联网的发展离不开无线电频率的使用。无线电频率管理是指对无线电频谱资源的规划、分配和监管，旨在确保无线电通信的有效运行和互操作性。无线电频率管理的意义和挑战如下：

1）防止频谱干扰

通过合理规划和分配频谱资源，防止不同设备之间的频谱干扰，保障通信的稳定性和可靠性。

2）提高频谱利用率

有效利用频谱资源，提高频谱利用效率，满足日益增长的通信需求。

3）互操作性

通过统一的频率管理，实现不同设备之间的互操作性，促进设备之间的通信和数据交换。

4）频谱稀缺

随着车联网的快速发展，对无线电频谱的需求日益增加，频谱资源变得紧张，需要更好的频谱管理来满足需求。

5）频谱冲突

由于频谱资源有限，不同设备和服务之间可能出现频谱冲突，导致通信质量下降或无法正常工作。

6）国际协调

无线电频率管理需要国际上的协调和合作，确保不同国家和地区之间的频谱使用不发生冲突，以支持全世界范围内的通信服务。

15.4 人工智能和大数据

信号分析是从无线电监测得到的数据中，提取具体参数进行特征分析的过程。信号分析工作使无线电监测从事后干扰查找到事前主动发现成为可能。通过信号分析可以把单纯的频谱占用情况分析，升级为承载业务的占用情况分析，进一步服务于频率资源管理和规划；可以把台站管理中的简单维度的数据统计升级为基于信号数据深度挖掘的大数据管理，不但能对台站进行多维度管理，还能提升监测网的智能化运维水平；可以从过去的干扰事后查找向事前主动发现迈进，通过信号分析这个事先预防的"治安队"代替或部分代替事后干扰查找的"刑警队"，提升秩序管理效率，维护国家无线电空间安全。

基于不同的分类标准，我们可以把无线电信号划分至不同的分类空间，无线电信号分析的方法，根据理论的发展与技术的不断进步，可以大致分为三个阶段。

（1）人工特征提取的方法：人工提取特征，人工设置判决门限，人工判决；

（2）基于自动规则引擎的方法：自动提取特征，人工设置判决门限，自动判决；

（3）基于人工智能的方法：自动提取特征，自主设置判决门限，自动判决，自主学习。

上述方法的比较如表 15-1 所示。

表 15-1　信号分析对比表

信号分析方法	特征提取方式	门限确定方式	门限判决方式	特　点
人工特征提取	人工提取	人工设置	人工判决	纯人工，依赖于专家经验，效率低
基于自动规则引擎	自动提取	人工设置	自动判决	自动化，效率高，人工设计的门限可能影响判决结果
基于人工智能	自动提取	自主设置	自动判决	智能化，效率高，自主提取更多特征，支持自学习升级

15.4.1　基于人工特征提取的方法

人工特征提取的信号识别主要依靠人工方式来完成。

技术人员通过接收信号的各种参数，如信号频率、带宽，以及观察到的波形、频谱等，与现有信号体制或调制方式的特征参数进行对比，根据参数的匹配程度来进行判别。这种人工参与的识别方法适用范围有限，对技术人员的知识储备和设备的测试精度要求高，识别结果容易受到主观因素的影响，具有相当的局限性。

1）基于信号数据库和频率规划的信号识别

通过观察信号的工作频段，对照频率分配表，判断当前信号所属的业务类型。

2）基于信号显性特征的信号识别

信号的显性特征（external）包括中心频率、信号带宽、频谱形状、信号周期、频率偏移。可以通过观察这些特征，凭借个人经验进行信号判别。

15.4.2　基于自动规则引擎的方法

相比于人工特征提取的方法，基于自动规则引擎的方法可以充分利用计算机强大的计算能力，可以自动提取 IQ 信号在频域、时域、调制域的隐形特征，如功率谱、高阶累计谱、循环谱、峰度、鞘度等，依靠无线电专家设定的固定阈值，进行自动信号识别。在整套规则系统设计完成后，一定程度上可以实现特征提取后的自动化判决，节省大量人力的同时，提高了判别效率。

国家无线电监测中心《数字信号调制参数测量与调制类型识别方法》规定了典型数字信号调制参数测量及调制类型识别的原理性方法，同时规定了信号采集、预处理等辅助环节的处理准则和方法，适用于信号分析对数字信号调制层参数及类型的提取。

图 15-1 给出了单载波线性调制数字信号类内识别的决策树判决方法。

当然，基于自动规则引擎的方法也存在一定的缺陷。由于无线环境的复杂多变，对于采集的实际信号，理论上区分度很高的特征很可能并不显著，所以基于自动规则引擎的方法中固定判决门限不能适用于所有场景，可能带来较多误判；而且受限于有限的信号特征，规则引擎支持的可区分信号类型有限，仅能实现闭集识别，无法对不熟悉的调制信号进行准确识别。

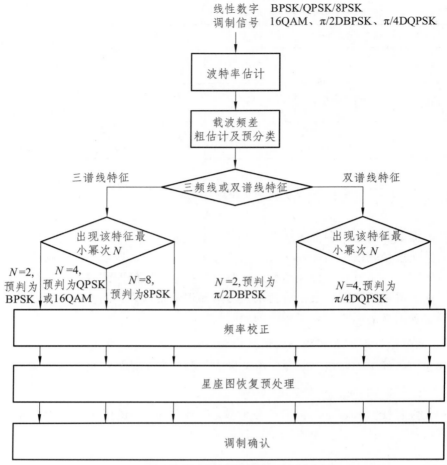

图 15-1 单载波线性调制识别的判决图

15.4.3 基于人工智能的方法

鉴于传统信号识别分类算法的缺陷以及人工智能在其他领域（数据挖掘、文本分类、图像识别等）的出色表现，将人工智能引入无线电信号识别分类领域成为一种值得尝试并且很有前景的全新方法。根据人工智能理论发展的时间线，可以将其分为三个阶段：机器学习、深度学习、集成学习。

机器学习在特征提取环节往往需要使用专家设计的具有显著物理意义或者统计意义的特征（如基于高阶累积量、循环谱等），识别准确率较高，模型搭建比较简单，适合对某一类或某几类信号（如 MPSK、MFSK 等）进行分析。然而，由于信号特征本身往往计算复杂，且特征欠缺普适性，单纯的机器学习方法无法完全满足实际无线环境下复杂多变的信号分析需求。

深度学习的信号识别分类模型（以下简称深度学习模型），在特征提取和分类器环节使用神经网络，具备较强的拟合能力和自我学习能力，可以自动对信号样本进行特征提取，不仅能够捕捉到专家设计的特征，而且可以提取出专家无法发现的信号内在的联系和特征，适用于多种数字和模拟信号混合的场景，具有识别准确率高、识别种类多、可移植性强、人工成本低等多项优势。然而，深度学习的模型训练需要海量的数据驱动。由于电磁环境复杂多变，往往不同的分析场景很难提供充足的数据集用于深度学习的模型训练。

集成学习的出现，将深度学习、机器学习、自编解码器连接在了一起，共同决策，同时基于机器学习提取浅层特征、深度学习提取深层特征、自编解码器提取降维信息，一同训练并决策，高效利用了不同维度的各种特征，从而提高了信号分析的适用范围和准确性。

本章小结

本章主要对无线电新业务、管理新手段、无线电管理和车联网技术、人工智能和大数据进行了介绍，主要知识点如下。

（1）无线电新业务：6G 技术中的超高速率和超低延迟、智能表面技术、网络切片技术、人工智能和大数据应用等技术。随着技术的发展，6G 技术虽然为我们带来了更加快速、稳定、智能的网络体验，但还带来了无线电的管理挑战，如频谱管理的挑战、频谱管理的国际协调挑战、频谱规划与干扰的挑战、安全隐私的挑战等。

（2）无线电新管理手段：随着无线通信技术的飞速发展和无线通信设备的广泛应用，无线电频谱资源管理面临着资源短缺、分配不合理和电磁环境恶化的严峻挑战。为了应对这些挑战，提出动态频谱管理（DSM）和智能频谱管理（SSM）等新技术。

（3）无线电管理与车联网技术：车联网通信频段主要包括 5.9 GHz 频段，这一频段被规划用于基于第四代移动通信技术演进形成的 LTE-V2X 智能网联汽车直连通信技术。具体而言，5 905 ~ 5 925 MHz 频段共 20 MHz 带宽的专用频率资源被规划用于实现车与车、车与人、车与路之间的直连通信，并介绍技术使用时可能出现的频谱问题和车联网的影响。

（4）人工智能和大数据：我们可以把无线电信号划分至不同的分类空间，无线电信号分析的方法根据理论的发展与技术的不断进步，可以大致分为人工特征提取的方法、基于自动规则引擎的方法、基于人工智能的方法三个阶段。

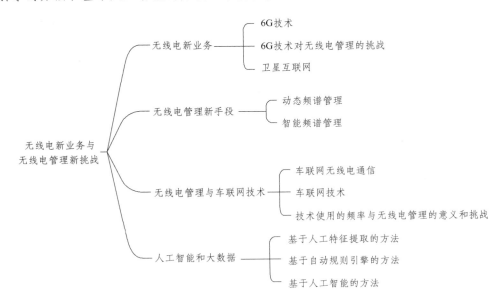

思考与练习

1. 填空题

（1）6G 技术包括（   ）、（   ）、（   ）、（   ）。

（2）为了应对目前的挑战，无线电的新管理技术包含（   ）、（   ）。

（3）基于不同的分类标准，我们可以把无线电信号划分至不同的分类空间，无线电信号分析的方法根据理论的发展与技术的不断进步，可以大致分（   ）、（   ）、（   ）。

2. 简答题

（1）6G 技术对无线电管理带来了哪些挑战？

（2）无线电管理技术对车联网的影响主要体现在哪些方面？

参考文献

［1］ 中华人民共和国工业和信息化部. 中华人民共和国无线电频率划分规定[M]. 北京：人民邮电出版社，2015.

［2］ 国际电信联盟. 无线电规则[M]. 日内瓦，2020.

［3］ 马方立. 无线电业务种类划分研究[C]. 厦门：全国无线电应用与管理学术会议，2008.

［4］ 杨琳，赵思思，孙建军，等. 现有无线电频率分配方式研究[J]. 数字通信，2012，39（03）：26-29+48.

［5］ 何廷润. 我国 3G 频率分配的利弊考量[J]. 通信世界，2009（7）：I0014.

［6］ 王东明. 无线电频率资源分配模式与拍卖制度研究[D]. 北京：北京邮电大学，2010.

［7］ 中华人民共和国国务院,中华人民共和国中央军事委员会. 中华人民共和国无线电管理条例[M]. 北京：中国法制出版社，1993.

［8］ 薛寒. 战场频率指配算法研究[D]. 长沙：国防科学技术大学，2015.

［9］ 高航，查淞，黄纪军，等. 战场频率指配问题研究综述及展望[J]. 电波科学学报，2024，39（3）：1-19.

［10］ 祁锋，孟德良，朱欣，等. 无线电台站管理业务手册[M]. 北京：人民邮电出版社，2016.

［11］ 中华人民共和国工业和信息化部.《地面无线电台（站）管理规定》解读[J]. 中国无线电，2023（01）.

［12］ 中华人民共和国工业和信息化部. 无线电频率使用和在用无线电台（站）监督检查暂行办法[J]. 中国无线电，2022（4）：29-31.

［13］ 中华人民共和国工业和信息化部. 工业和信息化部行政许可实施办法[J]. 中华人民共和国国务院公报，2009（22）：18-46.

［14］ 佚名. 业余无线电台管理办法[J]. 司法业务文选，2013（10）：16-22.

［15］ 中华人民共和国工业和信息化部. 无线电台执照管理规定[J]. 中华人民共和国国务院公报，2009（26）：35-37.

［16］ 中华人民共和国工业和信息化部. 地面无线电台（站）管理规定[J]. 中华人民共和国国务院公报，2023（7）：28-31.

［17］ 方箭，李景春，黄标，等. 5G 频谱研究现状及展望[J]. 电信科学，2015（12）：103-110.

[18] 刘红杰. 基于认知无线电的动态频谱管理理论及相关关键技术研究[D]. 北京：北京邮电大学，2009.

[19] 陈硕翼，张丽，唐明生. 无线电能传输技术发展现状与趋势[J]. 科技中国，2018（7）：7-10.

[20] 姚富强，张建照，柳永祥. 动态频谱管理的发展现状及应对策略分析[J]. 电波科学学报，2013（3）.

[21] 李春燕. 动态频谱管理技术：从认知无线电到人工智能[J]. 电子元器件与信息技术，2017（5）：36-38.

[22] 丁家昕，方箭，王坦. 实施动态频谱管理提高资源利用效率[J]. 频谱研究，2018：25-28.

[23] 杨洁，王磊. 电磁频谱管理技术[M]. 北京：清华大学出版社，2015.

[24] 张贺. 智能频谱编排，无线频谱管理的强引擎[J]. 中兴通讯技术，2021（9）.

[25] 张佳琛，王金龙，丁国如，等. 频谱知识图谱：面向未来频谱管理的智能引擎[J]. 通信学报，2021，42（5）：1-12.

文轨车书　交通天下
https://www.xnjdcbs.com
策划编辑：李　伟
责任编辑：李　伟
封面设计：GT工作室

ISBN 978-7-5774-0092-1

交大e出版
微信购书|数字资源

官方天猫店
上天猫 买正版

9 787577 400921 >

定价：39.00元